传世家训

田田 成蹊 编译

党建读物出版社

前言

习近平总书记在2016年12月12日召开的第一届全国文明家庭表彰大会上指出："家风好，就能家道兴盛、和顺美满；家风差，难免殃及子孙、贻害社会"，"广大家庭都要弘扬优良家风，以千千万万家庭的好家风支撑起全社会的好风气"，"各级领导干部要带头抓好家风，做家风建设的表率"。家风是一个家庭或家族的传统风尚，体现着家庭或家族的价值观。良好家风，能在潜移默化中影响人们的价值观，引领社会风气，凝聚强大正能量。

"古之欲明明德于天下者，先治其国；欲治其国者，先齐其家。"中华民族历来重视家庭。古人讲"求忠臣于孝子之门"，一个人首先要在家庭中养成良好的行为习惯和优秀的道德水平，进而才能够在社会中成就一番事业。修身、齐家、治国，构成了中国古代士人自我修养的追求。其中，"齐家"这一环节，正是联系"修身"与"治国"的纽带，在历朝历代都是一个极为重要的话题。中华民族传统家庭美德铭记在中国人的心灵中，融入中国人的血脉中，是支撑中华民族生生不息、薪火相传的重要精神力量，是家庭文明建设的宝贵精神财富。

中华民族对家庭治理和家庭教育的重视催生了“家训”这种富有中国特色文化意涵的文献。据统计，我国历代传世的家训有230余篇。这些家训各有特定社会背景和著者个人色彩，但它们都有一个共同的主题，即教养子弟提升个人修养，成为能够自立于世，进而有所建树的人。同时也是作者对整齐家风、修身为人的经验探讨和总结。

这些家训承载了中华民族源远流长的智慧和美德，对塑造子孙的个体人格，推而广之形成良好社会风尚、塑造中华民族的性格产生了巨大影响。这些家训的作者，多为历代贤达，他们家法严肃，高风笃行，可仰可师，其文辞读来，中华文明的生命和自信跃然纸上，许多心得对我们当下仍具有相当大启示意义。基于此，本书博采史籍，聚其要言，选译了《颜氏家训》《家范》《庭训格言》《聪训斋语》《陈宏谋家书》《曾文正公家训》等15部著名家训中的经典段落，辅以点评，以期对读者有所裨益，带来修身齐家的灵感。

家是最小国，国是千万家。只有全社会都重视家庭文明建设、锤炼个人品德、培养家庭美德，才能以家风清正带动政风清正，以家庭美德推动社会公德，以家庭和谐促进社会和谐，以社会和谐推进国家昌盛。在中华文明的宝库中寻找齐家智慧，正当其时！

目录

传世家训

《颜氏家训》

颜之推

作者小传

颜之推（531—约595），字介，琅琊临沂（今山东省临沂市）人。先后任梁散骑侍郎，北齐中书舍人、黄门侍郎，北周御史上士等职。颜之推所处的时代，是朝代更迭、战争频繁、民族融合、社会变迁剧烈、人民生活痛苦的时代。颜之推“三经亡国之事”，历仕南朝梁，北朝北齐、北周和隋四朝，以一介儒生在这样的环境下保持家声不坠，不可避免地具有一些保守避事的倾向。但从整体上看，颜之推的家训思想不仅在家庭伦理、道德修养方面对今天有重要借鉴意义，对我们了解传统文化也有很大裨益，作者在特殊政治氛围（乱世）中表现出的明哲思辨，对后人也有认识价值。

编者按

《颜氏家训》在中国古代家训作品中具有开拓性意义,《古今事物考》称它“古今家训，以此为祖”。颜之推在“序致”中称，撰写家训的目的并不是要“轨物范世”，为外界树立规范和标准，而主要在于“整齐门内，提撕子孙”，即仅为整顿家族内的规范，教导自己的儿孙而已。所以颜之推没有在家训中讲大道理，更像是跟儿孙拉家常。我们能从中看到“三字经”似的朴实智慧。这部作品公开刊行后，对后世产生了广泛而深刻的影响，并且成为后世家训的滥觞。《颜氏家训》共七卷二十篇，内容包括教子、治家、慕贤、勉学、涉务、止足、养生等方面。颜之推认为，对子女一定要严格教育，才能使他们最终获益；读书学习是为了最终用于实践,“修身利行”，而不能满足于空谈，甚至恃才傲物。此外，颜之推也是一位卓有成就的学者，他在家训中还对文章、书证、音辞、杂艺等传统学术领域阐述了自己的见解和心得，批评前代文章、考述各家思想，为我们了解当时人的文学观点和思想状况提供了线索。

本书选译所依据的，是中华书局2011年出版的《颜氏家训》。

01. 凡人不能教子女者，亦非欲陷其罪恶；但重于诃怒伤其颜色，不忍楚挞惨其肌肤耳。当以疾病为谕，安得不用汤药针艾救之哉？又宜思勤督训者，可愿苛虐于骨肉乎？诚不得已也。

不能对子女进行有效教育的人，其实也不是想要使他们陷于犯罪作恶的境地。只是不愿意呵责生气，伤害子女的脸面，不忍心用荆条抽打，伤害子女的肌肤罢了。这可以用疾病来打比方，哪有不服用汤药、不受针灸艾灸就能治好病的呢？那些经常督导训诫子女的人，难道愿意苛责虐待自己的骨肉吗？实在是不得已啊。

02. 人之爱子，罕亦能均；自古及今，此弊多矣。贤俊者自可赏爱，顽鲁者亦当矜怜。有偏宠者，虽欲以厚之，更所以祸之。共叔之死，母实为之；赵王之戮，父实使之。刘表之倾宗覆族，袁绍之地裂兵亡，可为灵龟明鉴也。

人们宠爱自己的孩子，很少有能够做到对所有的孩子一视同仁的。自古以来这个问题就一直广泛存在。孩子中间有贤良俊才，自然可以激赏宠爱，有愚顽鲁钝的，也应当同情怜爱。若是在孩子们中间有所偏宠，虽然是为了爱他，但更多时候反而是害了他。共叔段[1]之死，其实是他母亲武姜[2]所导致的；西汉的赵王刘如意[3]遇害，其实是由他的父亲行为不当所致。刘表[4]偏宠后妻蔡氏，导致身后外戚蔡瑁废长立幼，举兵降曹，最终使宗族倾覆；袁绍[5]偏宠幼子袁尚，将长子袁谭和次子袁熙遣出，身后权臣拥立袁尚，使袁谭、袁尚兄弟相攻，丧失地盘和军队。这都可以作为后世的镜鉴。

03. 夫风化者，自上而行于下者也，自先而施于后者也。是以父不慈则子不孝，兄不友则弟不恭，夫不义则妇不顺矣。父慈而子逆，兄友而弟傲，夫义而妇陵[6]，则天之凶民，乃刑戮之所摄，非训导之所移也。

风化自上而下地推行开来，由先驱者影响后继者。因此，

---

1 共叔段（前754—？），姬姓，名段（一说叔段），春秋时期郑国人，郑武公幼子，郑庄公胞弟。因受到其母武姜过分宠爱而生非分之心，最终叛乱被诛。

2 武姜，生卒年不详，姜姓，申国国君之女，郑武公夫人，故称武姜。郑庄公和共叔段的母亲。武姜不喜欢继承王位的长子郑庄公，而宠爱幼子共叔段，最终导致共叔段起兵叛乱，被庄公所诛。

3 刘如意（？—前194），汉高祖刘邦第三子，母戚夫人，封赵王。刘邦生前宠爱戚夫人，曾想立刘如意为太子。刘邦身后，戚夫人为吕后所害，刘如意亦被毒杀。

4 刘表（142—208），字景升，山阳高平人，汉室宗亲，领荆州牧，东汉末年割据一方的势力之一。刘表死后，曹操举兵南下，继位的幼子刘琮在蔡瑁、张允等的挟持下降曹。后曹操为孙刘联军所破，荆州最终为刘备所属。

5 袁绍（？—202），字本初，汝南汝阳人，出身“四世三公”的望族。东汉末年作为讨伐董卓联盟的盟主崛起，成为一股割据势力。建安五年（200年）在官渡之战中败于曹操，两年后病逝。

6 陵，通“凌”，侵侮。

做父亲的不慈爱，做儿子的就会不孝顺；做兄长的不友爱，做弟弟的就会不恭顺；做丈夫的不讲情义，做妻子的就会不柔顺。至于那些父亲慈爱而儿子悖逆、兄长友爱而弟弟倨傲、丈夫有情有义而妻子盛气凌人的情况，则是天生凶恶的人，只能由刑罚杀戮来威慑，而不能靠训诫引导来感化。

04. 孔子曰：“奢则不孙，俭则固；与其不孙也，宁固。”又云：“如有周公之才之美，使骄且吝，其余不足观也已。”然则可俭而不可吝已。俭者，省约为礼之谓也；吝者，穷急不恤之谓也。今有施则奢，俭则吝；如能施而不奢，俭而不吝，可矣。

孔子说：“奢侈就会不恭顺，俭省就会固陋；与其不恭顺，宁可固陋一点。”又说：“即使一个人有周公那样的才能和美德，假如他骄矜而且吝啬，其余的方面也都不值一提了。”这样说来，就是一个人可以俭省，但不可以吝啬。所谓俭省，是说合乎礼制的俭省节约；所谓吝啬，是说面对穷困紧急的情况也不肯救助。现在有的时候是乐善好施的人自己也很奢侈，而俭省节约的人往往很吝啬；如果能做到对别人乐善好施，自己又不奢侈，自己俭省节约而对别人不吝啬，就可以了。

05. 世人多蔽，贵耳贱目，重遥轻近。少长周旋，如有贤哲，每相狎侮，不加礼敬。他乡异县，微藉风声，延颈企踵，甚于饥渴。校其长短，核其精粗，或彼不能如此矣。所以鲁人谓孔子为东家丘。昔虞国宫之奇，少长于君，君狎之，不纳其谏，以至亡国，不可不留心也。

世间的人大都见识不明，认为听说的事物重要，而眼见的事物无足轻重。从小一起长大的人当中，如果有人成为贤达的人，大家对他还是惯于轻慢侮弄，没有给予足够的礼遇和敬重。而其他县邑的人，稍有贤达的名声传出，大家就伸长脖子、踮起脚尖，如饥似渴地巴望着见识一下。比较这两人的长处和短处，考察他们的优点和缺点，可能其他县邑的那个还不如自己身边的这个。这就是为什么鲁国人将孔子这样的圣贤之人称为“东家的孔丘”。过去虞国大夫宫之奇[1]，自幼与国君相熟，国君对他就没有应有的尊重，不能接受他的建议，以至于亡国，这样的事不可以不留心注意啊。

06. 用其言，弃其身，古人所耻。凡有一言一行，取于人者，皆显称之，不可窃人之美，以为己力；虽轻虽贱者，必归功焉。窃人之财，刑辟之所处；窃人之美，鬼神之所责。

1　宫之奇，生卒年不详，春秋时期虞国大夫，政治家，有料事之明。虞国与晋国和虢国相邻，晋国强而虞国和虢国势力较弱。公元前655年，晋国向虞国借道伐虢，宫之奇认为虢国与虞国唇齿相依，晋国灭虢后，虞国也必将不保。宫之奇的建议没有被采纳，晋国灭虢后，果然也吞并了虞国。

采用一个人的言论建议，却抛弃这个人本身，这是古人所不耻的事。只要有一种言论一点行为是从别人那里借取的，都应该公开地称扬这个人，不可以暗中将他人的成就掠为己有，认为是自己的功劳；即便这个人地位轻微卑贱，也应该将属于他的功劳归于他。偷盗他人的财物，是刑法要处置的事；偷盗他人的成就，是鬼神要责罚的事。

07. 梁朝全盛之时，贵游子弟，多无学术，至于谚云："上车[1]不落则著作，体中何如[2]则秘书。"无不熏衣剃面，傅粉施朱，驾长檐车，跟高齿屐，坐棋子方褥，凭斑丝隐囊，列器玩于左右，从容出入，望若神仙。明经求第，则顾人答策；三九公宴，则假手赋诗。当尔之时，亦快士也。及离乱之后，朝市迁革，铨衡选举，非复曩者之亲；当路秉权，不见昔时之党。求诸身而无所得，施之世而无所用。被褐而丧珠，失皮而露质，兀若枯木，泊若穷流，鹿独戎马之间，转死沟壑之际。当尔之时，诚驽材也。有学艺者，触地而安。自荒乱以来，诸见俘虏，虽百世小人，知读《论语》、《孝经》者，尚为人师；虽千载冠冕，不晓书记者，莫不耕田养马。以此观之，安可不自勉耶？若能常保数百卷书，千载终不为小人也。

1　上车，即登车，比喻登上仕途。

2　体中何如，是古代书信的客套语，就是"身体怎么样"之类的话。

南朝梁在它全盛的时期，贵族世家的子弟大都不学无术，以至于当时有谚语说：“（贵族子弟）只要登上仕途不落选，就能担任著作郎的官职；只要能写一般起居问候的书信，就能出任秘书郎了。”这些贵族子弟没有不用香料熏衣物、修剃须发、涂脂抹粉的，他们乘坐覆盖车幔的车子，穿高齿的木屐，坐在有方格织纹的坐垫上，靠着五彩花纹的靠枕，将珍贵的器皿玩物摆在身边，出入气度从容，看上去像神仙一样。参加考试求取功名的时候，就请别人代替回答策论；三公九卿的宴会上，就用请别人代作的诗赋充数。在这种时候，他们表面上也是很优秀的人。等到叛乱四起、世道纷乱之后，朝廷和都市迁徙变革，衡量铨选人才的部门，不再有过去和自己亲厚的人，掌握权柄的不再是过去的朋友，这些贵族子弟想依靠自己，但他们身无所长，在社会上没有什么用处。这就只能换穿粗布的衣服，卖掉家中的珠宝，失去了表面的种种光鲜伪装，露出不堪的本质，像枯死的树木，像干涸的河流，在乱军之中颠沛流离，在沟壑之间辗转求生。在这种时候，他们就真是不堪一用的蠢材了。而那些有一些学问和手艺的人，只要有地方落脚就能安顿下来。自从世道变乱以来，我见过不少俘虏，虽然祖上世代都是平民，只要自己能读《论语》和《孝经》一类的书，仍然可以做老师；即便祖上世代为官，而自己不通文墨，也只能做种田养马的营生。由此可见，做人哪里可以不自勉向学呢？如果家中能常保数百卷书以传子弟，千年过去也能保持家道兴荣。

08. 夫学者所以求益耳。见人读数十卷书，便自高大，凌忽长者，轻慢同列。人疾之如仇敌，恶之如鸱枭。如此以学自损，不如无学也。

人们学习是为了追求进步。我看有的人读过数十卷书，就自高自大，对长辈冒犯轻忽，对同辈轻视怠慢。别人对他的憎恶像对仇敌一样，对他的厌恶像对鸱枭一样。这样通过学习反而损害自己，还不如不学习。

09. 古之学者为己，以补不足也；今之学者为人，但能说之也。古之学者为人，行道以利世也；今之学者为己，修身以求进也。夫学者犹种树也，春玩其华，秋登其实；讲论文章，春华也，修身利行，秋实也。

过去人们学习是为了自己，通过学习来弥补自己的不足；如今人们学习是为了展示给别人，只要能夸夸其谈就够了。过去人们学习是为了别人，通过实践自己所奉行的大道而有益于世人；如今人们学习是为了自己，提高自己的本领以求进取仕途。说到学习，就像种树一样，春天赏玩它的花枝，秋天收获它的果实；讲述谈论文章，就像春天的花枝，修养自身以利于实践，就像秋天的果实。

10. 名之与实，犹形之与影也。德艺周厚，则名必善焉；容色姝丽，则影必美焉。今不修身而求令名于世者，犹貌甚恶而责妍影于镜也。上士忘名，中士立名，下士窃名。忘名者，体道合德，享鬼神之福佑，非所以求名也；立名者，修身慎行，惧荣观之不显，非所以让名也；窃名者，厚貌深奸，干浮华之虚称，非所以得名也。

名声与实体的关系，就像形体与影子的关系一样。德行才艺周全深厚的人，名声也一定很好；容貌颜色娴雅漂亮的人，照影也一定很美。现在有的人，不修养提高自身的德行和才艺而谋求在世上有个好名声，就好像相貌丑陋而希望镜子里照出个漂亮的影子来一样。上等的士人忘却自己的名声，中等的士人树立自己的名声，下等的士人窃取自己的名声。忘却名声的人，他真正体悟了大道所在，一举一动都合于道德，能够受到鬼神的庇佑，而不会去追求名声；树立名声的人，修养自身，行为谨慎，害怕自己的美名得不到传扬，是不会避让自己的好名声的；窃取名声的人，看上去厚道实际上奸猾，谋求浮夸奢华的虚名，是不会得到真正的名声的。

11. 吾见世人，清名登而金贝入，信誉显而然诺亏，不知后之矛戟，毁前之干橹也。虙子贱云："诚于此者形于彼。"人之虚实真伪在乎心，无不见乎迹，但察之未熟耳。一为察之所鉴，巧伪不如拙诚，承之以羞大矣。伯石让卿，王莽辞政，当于尔时，自以巧密；后人书之，留传万代，可为骨寒毛竖也。近有大贵，以孝著声，前后居丧，哀毁逾制，亦足以高于人矣。而尝于苫块之中，以巴豆涂脸，遂使成疮，表哭泣之过。左右僮竖，不能掩之，益使外人谓其居处饮食，皆为不信。以一伪丧百诚者，乃贪名不已故也。

我看这世上的人，获得了清高的声名，跟着就财源广进，获得了遵守信诺的美名，跟着就不守诺言，不知道自己后来的行为就像矛戟一样，刺破了前面行为树立起来的好形象。虙子贱[1]说："在一件事上做得诚实，就为另一件事提供了参照。"人的虚伪和真实存于心中，行为上也总能有迹可循，只是其他人考察不细致罢了。一旦被其他人发现，巧妙地伪装还不如拙劣地真实表现，受到的羞辱也更大。伯石[2]辞让卿位、王莽[3]辞谢政权，在当时看来也是非常巧妙周密的掩饰，但是事情的真相仍然被后人记录下来，流传万世，令人读来感到毛骨悚然。近来有一位贵人，以孝顺而闻名。先后为父母守丧，表现出的哀伤和因此对身体的毁坏超出了礼制的要求，也足以超出一般人了。但他却在守丧期间往脸上涂抹巴豆，造成疮痕，以表示自己哭泣过度。近身服侍他的童仆没能为

1　虙子贱，生卒年不详，春秋时期鲁国人，孔子的弟子，常被写作宓子贱。

2　伯石，生卒年不详，春秋时期郑国大夫，为人虚伪但颇有才干，受到子产的重用。郑国的卿伯有死后，子产派太史去任命伯石为卿，伯石推辞，太史只好退出来。太史退出来后，伯石又让人去请太史再次来发布任命，再推辞，如此三次之后，才勉强答应。子产因此对伯石的为人感到厌恶。

3　王莽（前45—23），字巨君，新都哀侯王曼次子，西汉孝元皇后王政君侄子，西汉外戚王氏重要成员。青年时期即表现出谦虚恭顺、礼贤下士的作风，在朝中素有威望，最终却代汉自立，建立了短暂的新朝。

他保密，反而使外人认为他在守丧期间的哀伤行为和饮食节制都不是真的。这是以一点虚伪的行为而败坏了许多真实行为带来的好处，都是因为过于贪图声名啊。

12. 古人欲知稼穑之艰难，斯盖贵谷务本之道也。夫食为民天，民非食不生矣，三日不粒，父子不能相存。耕种之，茠鉏之，刈获之，载积之，打拂之，簸扬之，凡几涉手，而入仓廪，安可轻农事而贵末业哉？江南朝士，因晋中兴，南渡江，卒为羁旅，至今八九世，未有力田，悉资俸禄而食耳。假有令者，皆信僮仆为之，未尝目观起一坺土，耘一株苗；不知几月当下，几月当收，安识世间余务乎？故治官则不了，营家则不办，皆优闲之过也。

古人总是想要知道农业生产的艰苦和困难，这大概是珍惜粮食、重视农事的办法。吃饭是老百姓天大的事，老百姓没有饭吃就活不成，三天不吃饭，父子兄弟也难以相互救济。粮食需要经过耕种、除草、收割、储存、舂打、扬场等许多工序，才能存入谷仓里，所以万不可看轻农事。南朝的官员，因为东晋南渡，也就跟着朝廷在这里扎下根来，到现在已经有八九代人了，没有真正从事过农业活动的，都是靠着俸禄吃饭。就算有些田产，也都依靠家里的仆人去打理，自己没有亲见过翻耕一犁土、栽下一棵苗；也不知道几月应当播种、几月应当收割，这样的人如何会明白世上其他的事务呢？因此，做官什么都不明白，治家什么都办不成，这都是生活过于悠然闲适造成的。

13. 君子当守道崇德，蓄价待时，爵禄不登，信由天命。须求趋竞，不顾羞惭，比较材能，斟量功伐，厉色扬声，东怨西怒；或有劫持宰相瑕疵，而获酬谢，或有諠聒时人视听，求见发遣；以此得官，谓为才力，何异盗食致饱，窃衣取温哉！世见躁竞得官者，便谓“弗索何获”；不知时运之来，不求亦至也。见静退未遇者，便谓“弗为胡成”；不知风云不与，徒求无益也。凡不求而自得，求而不得者，焉可胜算乎！

君子应当坚守道义、崇尚美德，积累自己的才能和声誉，等待机会来临，即使没有获得爵位和俸禄，也应当相信这是天意。有的人疲于奔走、急功近利地追求功名，毫无羞耻之心，拿自己的才干能力和别人做比较，拿自己的功劳和别人相竞争，疾言厉色地争取功名利禄，得不到就埋怨这个埋怨那个。有的人拿住了宰相的把柄来威胁索要报酬，有的人在众人面前不断地自我鼓吹以求一官半职。这样获得了官职，说是靠自己的才干能力，和偷食物来填饱肚子、窃取衣服来保暖有什么区别！世人看到那些急切奔走而获取官职的人，说“不索取哪里能得到呢”，其实时运到了，不去争取也会获得的；看到那些镇静保守而没有获取官职的人，就说“不去做怎么能成事呢”，其实没有机会，白白去争取也没有什么用处。那些不去争取而得到了官职、争取了却还是没有得到的官职的人，真是不计其数！

14. 夫生不可不惜，不可苟惜。涉险畏之途，干祸难之事，贪欲以伤生，谗慝而致死，此君子之所惜哉；行诚孝而见贼，履仁义而得罪，丧身以全家，泯躯而济国，君子不咎也。自乱离已来，吾见名臣贤士，临难求生，终为不救，徒取窘辱，令人愤懑。侯景之乱，王公将相，多被戮辱，妃主姬妾，略无全者。唯吴郡太守张嵊，建义不捷，为贼所害，辞色不挠；及鄱阳王世子谢夫人，登屋诟怒，见射而毙。夫人，谢遵女也。何贤智操行若此之难？婢妾引决若此之易？悲夫！

生命不可以不珍惜，也不可以苟且地珍惜。铤而走险，参与祸患之事，贪求欲望满足以伤及生命，为奸作恶而导致死亡，君子应珍惜生命以此为戒；诚信守孝而受到伤害，履行仁义而获罪罚，为保全家庭而丧身，为了国家而捐躯，这些行为是君子在所不惜的。我看到有些名臣贤士，遇到灾难的时候苟且求生，最终也没有得救，白白受到羞辱，使人感到愤怒。侯景之乱[1]发生时，王公将相大都受到屠戮和羞辱，

1　侯景之乱，南朝梁将领侯景于548年以清君侧的名义在今安徽寿县发动的叛乱，549年攻陷梁都城建康，操控梁朝军政大权，先后扶立三位傀儡皇帝。551年侯景自立为帝，国号汉。552年，梁湘东王萧绎组织的部队夺回建康，叛乱平息。

王妃姬妾几乎没有幸免的。只有吴郡太守张嵊，举起义旗平乱不成，被叛军所害，但辞色丝毫没有动摇。鄱阳王世子萧嗣的夫人谢氏，登上屋顶斥责叛军，被箭射中而死。谢夫人是谢遵的女儿。为何贤臣名士做一点有操守的事这么难，而女流之辈在大义面前慨然赴死反而这么容易？悲哀啊！

惊北风之复起，惨南歌之不畅。守金城之汤池，转绛宫之玉帐。徒有道而师直，翻无名之不抗。民百万而囚虏，书千两而烟炀，溥天之下，斯文尽丧。怜婴孺之何辜，矜老疾之无状，夺诸怀而弃草，踣于途而受掠。冤乘舆之残酷，轸人神之无状，载下车以黜丧，掩桐棺之槁葬。云无心以容与，风怀愤而憀恨。井伯饮牛于秦中，子卿牧羊于海上。留钏之妻，人衔其断绝；击磬之子，家缠其悲怆。

——颜之推《观我生赋》[1]

1 《观我生赋》是颜之推自叙身世的作品，其中记录了一些颜之推所经历的重大历史事件。本文为节选。

仰浮清之藐藐，俯沉奥之茫茫。已生民而立教，乃司牧以分疆，内诸夏而外夷狄，骤五帝而驰三王。大道寝而日隐，《小雅》催以云亡，哀赵武之作孽，怪汉灵之不祥，旄头玩其金鼎，典午失其珠囊。瀍涧鞠成沙漠，神华泯为龙荒，吾王所以东运，我祖于是南翔。去琅琊之迁越，宅金陵之旧章，作羽仪于新邑，树杞梓于水乡，传清白而勿替，守法度而不忘。

逮微躬之九叶，颓世济之声芳。问我良之安在，钟厌恶于有梁，养傅翼之飞兽，子贪心之野狼。初召祸于绝域，重发衅于萧墙。虽万里而作限，聊一苇而可航，指金阙以长铩，向王路而蹶张。勤王逾于十万，曾不解其扼吭，嗟将相之骨鲠，皆屈体于犬羊。武皇忽以厌世，白日黯而无光，既飨国而五十，何克终之弗康。嗣君听于巨猾，每凛然而负芒。自东晋之违难，寓礼乐于江湘，迄此几于三百，左衽浃于四方，咏苦胡而永叹，吟微管而增伤……

《帝范》

李世民

作者小传

李世民（599—649），唐太祖李渊次子，唐朝第二位皇帝，唐王朝实现统一过程中的主要将领之一，年号贞观，世称唐太宗。626年，李世民发动玄武门之变登上皇位。他在位期间，选贤任能，励精图治，厉行节约，选课农桑，促进了唐朝的社会经济从战乱中恢复，并逐渐走向繁荣。与此同时，唐朝在对北方游牧民族突厥的作战中取得决定性胜利，稳定了北方边疆。但他并未封闭国境，而是对少数民族政权和周边国家采取开明包容的政策，与之建立友好往来关系，吸引了少数民族政权和周边国家的归附，促进了贸易和文化交流的繁荣，使长安成为当时世界上重要的大都会。李世民开创了中国历史上重要的盛世“贞观之治”。他为君为人开明大气，文辞也有浩然之气。他的治国思想以及与魏征、长孙无忌等君臣相得的佳话流传甚广，对后世颇有影响。

编者按

《帝范》是李世民写给他选定的继位者，即唐高宗李治关于为君之道的指导。李世民通过发动政变获取皇位，因而在选择继承人方面有所犹疑，纵容魏王李泰和太子李承乾的争夺，使太子因操切举事而受到废黜，而李泰亦因对太子逼压过甚而受到贬责。最终，为保全几个儿子的性命，李世民选择了性情温厚的李治作为继承人。他担心李治因“偏钟慈爱，义方多阙，庭训有乖”，而“未辨君臣之礼节，不知稼穑之艰难”，难以承担起自己留下的重担，因而“披镜前踪，博采史籍，聚其要言”，作《帝范》给李治“以为近诫”。《帝范》分为君体、建亲、求贤、审官、纳谏、去谗、诫盈、崇俭、赏罚、务农、阅武、崇文十二篇，涵盖了古代帝王治国理政的各个方面，是我国历史上第一部系统化的帝王家训，不仅表现出李世民对将继承大统的儿子殷切的期望，也对后代帝王产生了重要影响。明成祖朱棣评论此书，“饬躬阐政之要，备在其中”，“要皆切实著明，使其子孙能守而行之，亦可以为治”。

本书选译所依据的，是安徽师范大学出版社2016年出版的《帝范》。

01. 夫国之匡辅，必待忠良。任使得人，天下自治。故尧命四岳，舜举八元，以成恭己之隆，用赞钦明之道。士之居代，贤之立身，莫不戢翼隐鳞，俟风云之运；怀奇蕴异，思会遇之秋。……是以明君傍求俊乂，博访英才，搜扬仄陋，不以卑而不用，不以辱而不尊。昔伊尹，有莘之媵臣；吕望，渭滨之贱老；夷吾，困于缧绁；韩信，弊于逃亡。然而商汤不以鼎俎为羞，姬文不以屠钓为耻，卒能献规景亳，光启殷朝；执旌牧野，会昌周室。齐成一匡之业，实资仲父之谋；汉以六合为家，实赖淮阴之策。故航舟之绝海也，必假桡楫之功；鸿鹤之凌云也，必因羽翮之用；帝王之治国也，必藉匡弼之资。故求之斯劳，任之则逸。虽照车十二，黄金累千，岂如多士之隆，一贤之重。此求人之贵也。

匡扶辅佐君王，一定要忠贞贤良之士才行。对这些人任用得当，自然能够治理好天下。因此尧帝任命四岳[1]，舜帝举任八元[2]，以此来实现垂拱而治的盛德，辅助敬肃明察的治国

1 四岳，典出《尧典》，官位，如三公，尧统治的时代舜担任过这个职位；舜统治的时代禹担任过这个职位。

2 八元，典出《左传》，帝喾高辛氏有才子八人，分别具有忠、肃、躬、懿、宣、慈、惠、和的美德，被称为“八元”。舜在为尧的臣子时，举任八元，让他们到各地去传播教化。

方略。士人处世、贤达之人立身，无不像凤收敛羽翼、龙隐匿鳞甲一样隐藏自己的才能，等待风云际会的时运到来；他们身怀独到的才华，期待着得到赏识和重用的一天。……因此，贤明的君主到处去求访搜罗才德出众的贤达英才，连最偏僻最简陋的地方也不放过，不因为人才一时地位卑微就不任用他，也不因为人才曾经蒙受屈辱就不尊重他。过去的伊尹[1]，是有莘氏的家臣；姜子牙[2]，是渭水之滨一位贫贱的老人；管仲[3]曾经被关进牢里；韩信[4]曾经因为不受重用而逃亡。然而商汤[5]不因为伊尹曾经是厨师就嫌弃他，周文王[6]不因为姜太公

1　伊尹（前1649—前1549），名挚，商朝初年重要的政治家、思想家，辅助商汤灭夏朝，为商朝的建立作出卓越贡献。相传伊尹的父亲是当时属于奴隶阶级的厨师，伊尹继承了乃父的技能，是中华厨祖，中原菜系的创始人。他将“以鼎调羹”“调和五味”的思想用于治理天下，是老子所说“治大国若烹小鲜”者。

2　姜子牙（约前1156—约前1017），姜姓，吕氏，名尚，一名望，字子牙，周朝初期政治家。辅佐武王伐纣，在牧野之战中打败商纣，从此商亡周立。周武王去世后，太甲即位。太甲不贤，不能胜任，姜太公将他放逐到桐宫，修养道德，三年之后，太甲的能力和品德大大提升，太公将他迎回都城亳，继承了周武王的王位。下文“献规景亳”指的就是这件事。

3　管仲（前719—前645），姬姓，管氏，名夷吾，字仲，谥敬，春秋时期法家代表人物，哲学家，政治家，军事家，齐国宰相。管仲早年奉齐国公子纠为主，后公子纠在争夺继承权的斗争中败于公子小白，管仲因此受牵连入狱。公子小白即位后，称齐桓公，听从鲍叔牙的建议，任用管仲为相，推行改革，施行军政合一、兵民合一的政策，使齐国国力强盛，成为春秋五霸之一。

4　韩信（约前231—前196），淮阴（今淮安市淮阴区）人，封淮阴侯。西汉开国功臣，著名将领，杰出的军事家。韩信出身贫寒，早年社会地位低下，曾受人胯下之辱。曾投奔项羽，未得重用。转投入刘邦麾下后，仍未受到重视，遂逃离刘邦军营。萧何闻讯，连夜追上韩信并劝他回去。萧何向刘邦举荐韩信，称他是“千军易得，国士无双”的将才。刘邦遂拜韩信为大将，在对项羽的战争中节节取胜。

5　商汤（约前1670—前1587），子姓，名履，商朝的建立者，谥武王。

6　周文王（前1152—前1056），姬姓，名昌，周王朝奠基者，史称周文王，因而又称姬文。

只是个钓鱼的老人就鄙夷他，最终才能开创商朝的太平，昌明周室的统治。齐国成就霸业，实在是依靠管仲的谋略；汉朝平定天下，实在是倚仗韩信的策划。所以，舟船能够渡海，一定要桨的辅助；鸿鹄能够凌云高飞，一定要借助翅膀的力量；帝王要治理国家，一定要借重匡弼之臣的帮助。所以求访贤才是帝王应该为之劳累的事，找到贤才并任用他们之后，帝王就比较安逸了。即便是能够照亮整个车子的明珠多达十二个，黄金积累了数千斤，哪里比得上贤士众多的兴隆气象，哪里比得上一位栋梁之材来得重要。这就是访求人才的重要性。

02. 夫设官分职，所以阐化宣风。故明王之任人，如巧匠之制木，直者以为辕，曲者以为轮，长者以为栋梁，短者以为栱桷。无曲直长短，各有所施。明王之任人，亦犹如是也。智者取其谋，愚者取其力，勇者取其威，怯者取其慎，无愚、智、勇、怯，兼而用之。故良匠无弃材，明主无弃士。不以一恶去其善，勿以小瑕掩其功。割政分机，尽其所有。

设立不同的官位、分割不同的职务，是为了阐扬德化、宣布风教。所以，贤明的君王任用人才，就像能工巧匠裁用木料一样，直的木材用来做辕，弯的木材用来做轮，长的木材用来做房屋的栋梁，短的木材用来做斗拱椽木。不同的木料无论曲直长短，都各有不同的用途。贤明的君王任用人才，阊阖总金鞍，上林移玉辇。
野郊怆新别，河桥非旧饯。
惨日映峰沉，愁云随盖转。
哀笳时断续，悲旌乍舒卷。
望望情何极，浪浪泪空泫。
无复昔时人，芳春共谁遣。

——李世民《望送魏征葬》

也是如此。有智慧的人发挥他的谋略，缺乏智慧的人则发挥他的勇力，勇敢的人发挥他的武威，怯懦的人发挥他的谨慎，无论一个人智慧或是木讷，勇敢或是怯懦，都应该充分任用。所以，好的工匠不会丢弃木材，贤明的君主不会遗弃人才。对于所任用的人，不因为一点缺点就否定他的长处，不要为了一点小瑕疵就忽视他的功劳。设置官位，分割事物，就是要使人才各尽其能，而不求全责备。

03. 然则函牛之鼎，不可处以烹鸡；捕鼠之狸，不可使之搏兽。一钧之器，不能容以江汉之流；百石之车，不可满以斗筲之粟。何则？大非小之量，轻非重之宜。今人智有长短，能有巨细，或充百而尚少，或统一而已多。有轻材者，不可委以重任；有劣智者，不可责以大功。君择臣而授官，臣量己而受职。则委任责成，不劳而化，此设官之审也。

然而，用来装牛的鼎，不可以用来烹鸡；捉老鼠的狸猫，不可以让它去和野兽搏斗。能容三十斤的器皿，装不下江水汉水；能盛一百石的车子，不能被升斗的粟米装满。这是为什么呢？大的东西装不进小的容器，轻的东西也不应该用能承重的东西去装。人的智慧有长有短，能力有大有小，有的人带领百人还嫌少，有的人统率一个人就已经很多了。薄有才干的人，不能让他承担重大的职任；智慧不足的人，不能让他去谋划大事。君主依据才干选择臣子授予官职，臣子衡量自己的才干决定是否接受官职。这样一来，对人才的委任恰如其分，事情自然办得成，君主也就不必事必躬亲，而能够垂拱而治了，这是设立官职应仔细考虑的地方。

04. 夫王者高居深视，亏聪阻明，恐有过而不闻，惧有阙而莫补，所以设鼗树木，思献替之谋；倾耳虚心，伫忠正之说。言之而是，虽在仆隶刍荛，犹不可弃；言之而非，虽在王侯卿相，未必可容。其议可观，不责其辩；其理可用，不责其文。至若折槛坏疏，标之以作戒；引裾却坐，显之以自非。故忠者沥其心，智者尽其策。臣无隔情于上，君能遍照于下。昏主则不然，说者拒之以威，劝者穷之以罪。大臣惜禄而莫谏，小臣畏诛而不言。恣暴虐之心，极荒淫之志，其为壅塞，无由自知。以为德超三皇，材过五帝，至于身亡国灭，岂不悲矣！此拒谏之恶也。

君王高居深宫，与百姓隔绝，听不到人民的呼声，看不见人民的情状，担心有过失而听不到指责，害怕有缺漏而不能弥补，所以设立登闻鼓、树立谤木，希望得到进谏之言；侧耳倾听，虚怀若谷地接纳忠诚正直的言论。只要所说的话是正确的，即便说话的人是仆役奴隶，或是割草砍柴的平民，也不能因此不予采纳；所说的话不对，即便是王侯卿相所言，也不一定要接受。只要所议论的内容有可取之处，就不去苛责他的言辞；只要所陈述的道理有可施行之处，就不去苛责他的文采。汉朝的朱云[1]为了向汉成帝[2]进谏而折断了大殿上的栏杆，战国的师经[3]为了劝谏魏文侯[4]而撞坏了他帽子上的玉珠串，汉成帝和魏文侯就把断掉的栏杆和珠串保留起来，作为警戒自己的标志。三国时的辛毗[5]为了劝阻魏文帝[6]迁徙士家而扯坏了魏文帝的衣服，西汉的袁盎[7]为了遵守礼制而将汉文帝[8]宠爱的慎夫人[9]的坐垫布置得靠后，慎夫人虽然当时生气，但听说缘由后，赏赐黄金给袁盎。正因为君主能如此，忠诚之士才能将忠心全然奉上，有智慧的人才能将才略如数献出。臣子与君上没有隔阂，

---

1 朱云，生卒年不详，字游，西汉时期游侠、大臣。朱云年轻的时候好任侠，40岁才开始研习《易经》《论语》等儒家经典，汉元帝时与五鹿充宗辩论易学获胜，授博士。汉成帝时，朱云进谏抨击丞相张禹为佞臣，成帝大怒，命令侍卫将他拖出去问斩，朱云用力攀住大殿上的栏杆不放，将栏杆折断了。经左将军辛庆忌拼死求情才被赦免。

2 汉成帝（前51—前7），刘骜，汉元帝刘奭嫡子，西汉第十二位皇帝。当政期间耽于酒色，致使外戚专政，为王莽篡汉埋下了祸根。

3 师经，生卒年不详，战国时期魏国琴师。《说苑》记载，师经为魏文侯鼓琴，魏文侯和乐起舞，说："我说的话没有人敢违背！"师经就把手里的琴丢出去打魏文侯，撞断了魏文侯冠冕上的珠串。魏文侯欲治师经之罪，师经说他打的是桀纣，因为桀纣这样的昏君才怕别人违背他的话，而尧舜那样的明君总是顺从民众的意思。魏文侯深受感动，励精图治，任用李悝施行变法，使魏国强盛一时。

4 魏文侯（前427—前396），姬姓，魏氏，名斯，一名都。战国时期魏国的开国君主。

5 辛毗，生卒年不详，三国时期曹魏大臣，先后辅佐曹操、曹丕、曹叡，谥肃侯。

6 魏文帝（187—226），曹丕，字子桓，曹操与卞夫人长子，曹魏的开国皇帝，三国时期政治家、文学家。

7 袁盎（前200—前150），字丝，西汉大臣，主张按"礼"行事，不得有僭越的行为，为人刚正，敢于谏言，以胆识和见解受到汉文帝赏识。

8 汉文帝（前202—前157），刘恒，汉高祖刘邦第四子，西汉第五位皇帝。在位期间行黄老之道，清简政务，废除肉刑，与民休息，开创了西汉的盛世"文景之治"。

9 慎夫人，生卒年不详，邯郸人，汉文帝宠妃。

君主的盛德能够普照天下。昏庸的君主就不这样，他们以威权拒绝进言的人，加罪于劝谏的人。位高权重的臣子因为不舍俸禄而不去进谏，地位低微的臣子因为害怕获罪而不敢说话。昏庸的君主放纵自己的暴虐，极度荒淫，却因为堵塞言路而听不到不同的声音，难以自知过错。反而以为自己的德行超越三皇，才能胜过五帝，最终导致身死国灭，难道不可悲吗！这是拒绝谏言的坏处。

05. 砥躬砺行，莫尚于忠言；毁德败心，莫逾于谗佞。今人颜貌同于目际，犹不自瞻，况是非在无形，奚能自睹？何则？饬其容者，皆能窥于明镜；修其德者，不如访于哲人。拒善自愚，何迷之甚！良由逆耳之辞难受，顺心之说易从。彼难受者，药石之苦喉也；此易从者，鸩毒之甘口也。故明主纳谏，病就苦而能消；暗主从谀，命因甘而致殒。可不诫哉！

磨炼自己的行为和道德，最好的办法莫过于听从忠诚的言论；败坏自己的道德和心性，没有比接近进谗言的小人更快的了。人的脸颊就长在眼睛下面，尚且不能正确地看待自己，何况是非这种无形的事物，怎么能自己看清呢？这是为什么？人们在修饰容貌的时候，都知道对着镜子照一照；而想要完善德行的时候，却不知道去向有贤德的人请教。拒绝诚恳的言论而愚弄自己，这是何等的愚蠢啊！这大概是因为，逆耳的言辞难以接受，顺心的说法容易遵从吧。逆耳之言，塞外悲风切，交河冰已结。
瀚海百重波，阴山千里雪。
迥戍危烽火，层峦引高节。
悠悠卷旆旌，饮马出长城。
寒沙连骑迹，朔吹断边声。
胡尘清玉塞，羌笛韵金钲。
绝漠干戈戢，车徒振原隰。
都尉反龙堆，将军旋马邑。
扬麾氛雾静，纪石功名立。
荒裔一戎衣，灵台凯歌入。

——李世民《饮马长城窟行》

就好像汤药一样苦；顺心之说，就好像鸩毒一样美味。所以，贤明的君主接受谏言，忍一时之苦，但病就治好了；昏庸的君主听从阿谀，一时痛快，但很可能性命不保。不能不引以为戒啊！

06. 夫君者，俭以养性，静以修身。俭则民不劳，静则下不扰。民劳则怨起，下扰则政乖。人主好奇伎淫声，鸷鸟猛兽，游幸无度，田猎不时。如此则徭役烦，徭役烦则人力竭，人力竭则农商之业废焉。人主好高台深池，雕琢刻镂，珠玉珍玩，黼黻𫄨绤。如此则赋敛重，赋敛重则民财匮，民财匮则饥寒之患生焉。……乱世之君，极其骄奢，恣其嗜欲。土木衣缇绣，而民短褐不全；犬马厌刍豢，而民糟糠不足。故人神愤怨，上下乖离，佚乐未终，倾危已至。此骄奢之忌也。

对于君主来说，俭朴可以涵养德性，清静可以休养身心。君主保持俭朴，百姓就不会过于劳乏；君主喜欢清静，下面的官吏也就不会滋生纷扰。百姓如果过于劳乏，就会产生怨恨；官吏如果滋生纷扰，政治就会走向混乱。君主如果纵情声色，喜欢珍禽猛兽，冶游毫无节制，狩猎不遵天时，百姓的徭役就会频繁，民力就会衰竭，进而农商等事业就会走向衰落。君主如果喜欢宏伟的亭台和深广的池水，雕琢精美的器物珠宝，绣工精良的锦缎纱绸，百姓所承受的赋税就会加重，百姓的财物就会匮乏，进而缺衣少食受饥寒之苦。

祸乱世道的君主，极度骄奢淫逸，放纵自己的欲望。君主的宫殿都装饰上精美的丝绸，百姓却穿着破破烂烂的粗布短衣；君主豢养的犬马有吃不完的精致饲料，百姓却连赖以糊口的粗粮都不够。所以人神共愤，朝廷上下离心离德，悠闲安乐的日子还没完，倾覆败亡就已经到来了。这就是要戒除骄奢的原因。

07. 夫圣代之君，为乎节俭。富贵广大，守之以约；睿智聪明，守之以愚。不以身尊而骄人，不以德厚而矜物。茅茨不剪，采椽不斫，舟车不饰，衣服无文，土阶不崇，大羹不和。非憎荣而恶味，乃处薄而行俭。故风淳俗朴，比屋可封。此节俭之德也。

圣明时代的君主，都施行节俭的美德。虽贵为天子，富有四海，仍然厉行节约；虽具有智慧，耳聪目明，仍然像愚人一样处处谨慎。不因为身份尊贵就对他人颐指气使，不因为德行深厚就恃才傲物。盖房顶用的茅草也不刻意修剪，建房屋用的木料也不专门打磨，出行乘坐的车船上没有华丽的装饰，身上穿的衣服没有精美的花纹，门前的台阶不垫高一些，煮肉汁不用盐梅调味。这不是因为圣明的君主厌恶荣华的事物和甘美的饮食，而是他们坚持居处淡泊，行事俭朴。因此才能使风俗淳朴，人民普遍德行高尚。这是节俭的好处。

08. 奢、俭由人，安、危在己。五关近闭，则令德远盈；千欲内攻，则凶源外发。是以丹桂抱蠹，终摧曜月之芳；朱火含烟，遂郁凌云之焰。故知骄出于志，不节则志倾；欲生于身，不遏则身丧。故桀、纣肆情而祸结，尧、舜约己而福延，可不务乎？

骄奢还是节俭，关乎平安和危乱，而这一切都是由人自身决定的。如果能清心寡欲，美好的德行和命运就会延续下去。如果欲望攻心，就会招来祸患。所以，丹桂之中有了蠹虫，就会失去其荣耀的芳华，终而成为朽木；红色的火苗中仅有一些细微的烟尘，就会遏制其冲天的炽焰，终而熄灭。由此可知，如果不防微杜渐，善始敬终，骄奢就会不招自来，恶欲就要急速生长。骄奢和恶欲得不到有效遏制，就势必导致身死国灭的惨剧。夏桀商纣因为纵情肆意，倒行逆施，从而引火烧身，自掘坟墓；尧舜却因律己修身，顺乎民心，从而使帝业辉煌，江山永续。两相比较，难道不应该更好地躬行节俭吗？

司马光《家范》

作者小传

司马光（1019—1086），字君实，号迂叟，谥文正，陕州（今属山西）夏县涑水乡人，北宋著名的史学家、文学家和政治家。历仕仁宗、英宗、神宗和哲宗四朝，官至宰相，卒赠温国公。司马光为官期间，辗转中央和地方任上，皆有政绩。宋神宗即位后，任用王安石进行大刀阔斧的变法。司马光在政治上主张保守，他将历代国势由盛转衰归因于变革成法，指出："使三代之君常守禹、汤、文、武之法，虽至今可存也。汉武取高帝约束纷更，盗贼半天下；元帝改孝宣之政，汉业遂衰。"王安石得到神宗的支持后，为推行变法，在人事上进行了一定的清洗，司马光选择退避洛阳，专心编纂《资治通鉴》。《资治通鉴》涵盖了从周威烈王二十三年（前403年）到五代后周世宗显德六年（959年）的历史，共294卷，300多万字，以时间为纲，事件为目，缕述历代兴衰，并以"臣光曰"的形式撰写了百余篇史论，为统治者提供执政参考，成为后世君臣为政者的必读书。《资治通鉴》成就了司马光在史学上的贡献，使他得以与太史公司马迁并称"史学两司马"。

编者按

《家范》是司马光所著家训，因司马光身后受赠温国公，这本书又被称为《温公家范》。《家范》共十卷十九篇，除首卷“治家”外，其余各卷按照祖、父母、子、女、孙、伯叔、兄弟姑姊等分类，根据不同的人在家庭中的不同角色，为其提供了行为指导。作为毕生致力于修撰史书的学问大家，司马光所著《家范》带有浓厚的文人气质，引经据典，言必有据，学术特色鲜明。司马光在序文中引用《大学》《诗经》《孝经》等经典中的语句，强调“欲治其国者，先齐其家”，“宜其家人，而后可以教国人”，提出了“圣人正家以正天下”的观点。为实现齐家治国的理想，司马光搜集历代贤达治家的范行，编纂而成《家范》。“降及后世，爰自卿士以至匹夫，亦有家行隆美可为人法者，今采集以为《家范》。”

《家范》强调封建时代的家庭伦理关系，体现了北宋士大夫对于家庭伦理的理解，具有一定的时代局限性。比如强调“治家莫如礼”，将家庭作为维持礼教传统的基础。同时，它也提出了一些对今天仍有启迪的家庭教育思想，主张家长在分配财物时要尽量做到公平，以免制造矛盾；要以义教子，而不以利教子；对子女的教育要从严尽早，只顾溺爱而不知教导，是对子女不利的行为。此外，《家范》中列举了诸多司马光以史学家的眼光选取的事例，不失为考察中国古代家庭生活风貌的材料。

本书选译所依据的，是陕西出版集团、陕西人民美术出版社2014年出版的《家范》。

01. 为人祖者，莫不思利其后世，然果能利之者，鲜矣。何以言之？今之为后世谋者，不过广营生计以遗之，田畴连阡陌，邸肆跨坊曲，粟麦盈囷仓，金帛充箧笥。慊慊然求之犹未足，施施然自以为子子孙孙累世用之，莫能尽也。然不知以义方训其子，以礼法齐其家。自于数十年中，勤身苦体以聚之，而子孙于时岁之间，奢靡游荡以散之，反笑其祖考之愚不知自娱，又怨其吝啬，无恩于我，而厉虐之也。始则欺绐攘窃，以充其欲，不足则立券举债于人，俟其死而偿之。观其意惟患其考之寿也。甚者至于有疾不疗，阴行鸩毒，亦有之矣。然则向之所以利后世者，适足以长子孙之恶，而为身祸也。

做祖辈的人，没有不想着为后世子孙谋利的，然而真能为后世子孙谋到利的人很少。为何呢？如今为后世子孙谋利的法子，不过是尽可能广泛地积累产业来留给子孙，使田产广大连接阡陌，房屋店铺多得跨越坊巷，粟米麦谷充满粮仓，金钱丝帛装满箱奁。不知满足地求取财货，怡然自以为能够供应子子孙孙用上好几辈子也用不完了。然而不知教导子女做人的正道，以礼法治理家庭。自己在数十年间，辛勤劳作苦苦积累起来的财富，子孙在很短的时间里就因为用度奢靡，游荡无度而散去，反而嘲笑父祖愚笨不懂得娱乐，又埋怨父祖吝啬，对他们没有恩宠，而苛待父祖。开始是以欺瞒哄骗的手段窃取家中的财物，以满足自己的欲望，实在不够就立字据向别人借钱，打算等父祖过世后就偿还。看他们的意思，几乎是唯恐父祖长寿。更严重的，甚至父祖有病不给予积极治疗，暗地里毒杀父祖。这样一来，原来所采取的为后世子孙谋利的行为，恰恰助长了子孙的恶行，甚至为自己招来了灾祸。

02. 孙叔敖为楚相，将死，戒其子曰："王数封我矣，吾不受也。我死，王则封汝，必无受利地。楚越之间有寝丘者，此其地不利而名甚恶，可长有者唯此也。"孙叔敖死，王以美地封其子，其子辞，请寝丘，累世不失。

汉相国萧何买田宅，必居穷僻处，为家不治垣屋，曰："令后世贤，师吾俭；不贤，无为势家所夺。"

孙叔敖[1]担任楚国丞相，他快要辞世的时候，告诫他的儿子说："大王几次想要给我封地，我都没有接受。我死后，大王一定会给你封地，到时候你一定不要接受好的地方。楚国和越国之间有一块地方叫寝丘，这地方土地不好，名字还难听，能够长久的只有这块地方。"孙叔敖死后，楚王以好的地

1　孙叔敖（约前630—前593），孙叔氏，蔿姓，名敖，楚郢都（今湖北荆州）人，春秋时期楚国令尹，辅佐楚庄王治理楚国，宽刑缓政，发展经济，使楚国成为南方霸主。他还主持治理淮河，修筑了中国历史上第一项水利工程——芍陂。

方封给他的儿子，他的儿子辞谢了，请求将寝丘封给他，后来好几代人都没有失去这块封地。

汉朝相国萧何[1]购买田产住宅，一定在穷乡僻壤的地方，自己家住的地方也不修筑有矮墙的房屋，他说："这样一来，如果后代贤能，就会效法我的俭朴；如果后代不贤能，也不会被有势力的大家族夺去了家产。"

03. 石碏谏卫庄公曰："臣闻爱子，教之以义方，弗纳于邪。骄奢淫逸，所自邪也，四者之来，宠禄过也。"自古只爱子不知教，使至于危辱乱亡者，可胜数哉！夫爱之当教之使成人，爱之而使陷于危辱乱亡，乌在其能爱子也？人知爱其子者，多曰："儿幼未有知耳，俟其长而教之。"是犹养恶木之萌芽，曰俟其合抱而伐之，其用力顾不多哉！又如开笼放鸟而捕之，解缰放马而逐之，曷若勿纵勿解之为易也。

石碏[2]劝谏卫庄公说："我听说爱护孩子，就要用做人的正道来教导他，使他不走上邪路。骄横、奢靡、荒淫和逸乐，

1　萧何（前257—前193），沛丰邑（今江苏沛县）人，早年为沛丰县吏，秦末从刘邦起义，刘邦率军攻入咸阳后，他主持接受了丞相府、御史府所藏律令、图书，掌握了全国版图和人口户籍资料，为后来制定政策和赢得楚汉战争起到了重要作用。他喜好黄老，主张清静无为，汉朝建立后，他参与制定了休养生息的国策，为后来文景之治的开创奠定了基础。

2　石碏，生卒年不详，春秋时期卫国人，为诛灭弑君自立的州吁而处决了自己的儿子，被世人称赞为"大义灭亲"。

是走上邪路的开端，而这四种行为的产生，是所受宠爱和赏赐太多的缘故。”自古以来，只知道宠爱孩子而不知教导孩子，最终使孩子陷入危险、屈辱的境地甚至惨淡而亡的人，可谓数不胜数。宠爱孩子，就应当教导他成人，宠爱孩子却使孩子最终陷入危险屈辱的境地，甚至死于祸乱，哪里是爱孩子呢？那些宠爱孩子的人，大都会说：“孩子还小呢，不懂事，等他长大些再教导他吧。”就好像一棵不好的树木任其发芽肆意生长，说等它长到两个人合抱那么粗的时候再砍伐，这需要费的力气就多得多了！又像打开笼子放飞了鸟儿再去捉它，解开缰绳放跑了马儿再去追它，为何不在一开始就不放飞、不放跑呢?!

04. 今世俗之人，其柔懦者，子妇之过尚小，则不能教，而默藏之，及其稍著，又不能怒，而心恨之。至于恶积罪大，不可禁遏，则暗呜郁悒，至有成疾而终者。如此，有子不若无子之为愈也。其不仁者，则纵其性情，残忍暴戾，或听后妻之谗，或用嬖宠之计，捶扑过分，弃逐冻馁，必欲置之死地而后已。《康诰》称：“子弗祗服厥父事，大伤厥考心；于父不能字厥子，乃疾厥子。”谓之元恶大憝，言不孝不慈其罪均也。

如今世上的俗人中，那些柔顺懦弱的人，在孩子和妻子的错误还比较小的时候，不能及时教导，而是默默忍受并为之掩饰，等他们的错误显著的时候，又不能发怒管教，而只初，权谓吕蒙曰：『卿今当涂掌事，不可不学！』蒙辞以军中多务。权曰：『孤岂欲卿治经为博士邪？但当涉猎，见往事耳。卿言多务，孰若孤？孤常读书，自以为大有所益。』蒙乃始就学。

及鲁肃过寻阳，与蒙论议，大惊曰：『卿今者才略，非复吴下阿蒙！』蒙曰：『士别三日，即更刮目相待，大兄何见事之晚乎！』肃遂拜蒙母，结友而别。

——司马光《孙权劝学》

夫以天下之政，四海之众，得失利病，萃于一官使言之，其为任亦重矣。居是官者，常志其大，舍其细；先其急，后其缓；专利国家而不为身谋。彼汲汲于名者，犹汲汲于利也，其间相去何远哉！

——司马光《谏院题名记》[1]

1　司马光在此文中论述了谏官的职责与重要性。因为谏官责任重大，为此官者必须谨慎和忠诚，还要将谏官的名字刻在石上让当时和后人监督。

在心里埋怨。直到错误不断积累，罪行巨大，停不下来的时候，才感到内心抑郁无比，甚至有积郁成疾而丧命的。这样的话，有儿子还不如没有儿子来得好。不仁慈的父母，就会放纵性情，对待子女残忍暴戾，有的听信后妻的谗言，有的采纳宠幸之人的计策，对子女苛责过甚，放弃并驱逐子女，使其遭受冻饿之患，将他们置于死地才算完。《康诰》中说："儿子不能为父亲尽心尽力，大大伤害父亲的心；父亲不能疼爱儿子，反而厌恶儿子。"为子不孝和为父不慈都同样是人世间最大的罪恶。

05. 为人母者不患不慈，患于知爱而不知孝也。古人有言曰："慈母败子，爱而不教，使沦于不肖，陷于大恶，入于刑辟，归于乱亡，非他人败之也，母败之也。"自古及今若是者多矣，不可悉数。

做母亲的人，不怕对子女不够慈爱，怕的是知道宠爱子女而不知道教子女尽孝。古人曾说："慈爱的母亲会毁了儿子，因为她们只顾宠爱儿子而不教导儿子，使其沦为不贤能甚至大奸大恶之人，进而受到刑罚，最终走向灭亡，并非别人毁了他们，而是母亲的宠爱毁了他们啊。"从古到今这种事多得数不过来了。

06. 孟轲之母，其舍近墓。孟子之少也，嬉戏为墓间之事，踊跃筑埋。孟母曰："此非所以居之也。"乃去。

舍市旁，其嬉戏为炫卖之事。孟母又曰："此非所以居之也。"乃徙舍学宫之旁，其嬉戏乃设俎豆，揖让进退。孟母曰："此真可以居于矣。"遂居之。孟子幼时，问："东家杀猪何为？"母曰："欲啖汝。"既而悔曰："吾闻古有胎教，今适有知而欺之，是教之不信。"乃买猪肉食。既长就学，遂成大儒。

彼其子尚幼也，固已慎其所习，况已长乎？

孟轲的母亲，住在墓地附近。孟子年少的时候，和小伙伴玩耍的内容是墓地之间的丧葬之事，争先恐后地筑穴埋葬。孟子的母亲说："这里不是适合居住的地方。"于是带着孟子搬走了。迁居到市场附近，孟子和小伙伴玩耍的内容成了吆喝买卖。孟子的母亲又说："这不是能够居住的地方。"于是带着孟子搬到了学宫附近，孟子和小伙伴玩耍的内容变成了设置祭祀用的盛器，互相行礼，进退如仪。孟子的母亲说："这真是能够居住的地方了。"于是就在这里住下来。孟子幼年的时候，问："东家杀猪是要做什么呢？"母亲随口回答说："准备给你吃。"随后感到后悔地说："我听说古代就有胎教之说，如今我在他知道事理的时候还欺骗他，这是在教他不诚信啊。"于是买了猪肉来给孩子吃。孟子长大后学有所成，后来成为一代大儒。当时孟子还年幼，他母亲就已经非常注重让他养成良好的习惯了，更何况对那些已经长大了的孩子呢？

《居家正本制用篇》

陆九韶

作者小传

陆九韶（1128—1205），字子美，号梭山居士，抚州金溪（今属江西）人。他长期讲学于梭山，终身不仕，以学问名世，与弟陆九龄、陆九渊合称“三陆”。陆九韶治学严谨，学说渊源精粹，注重以日常生活实用为主。

陆九韶倡导家族聚居的家庭模式，以年长者为家长，家中事务由家长决定，具体的事务都应分派确定的人来管理。对于家中子弟要严格教导，使其遵守符合封建大家族伦理的道德规范，否则就要严惩不贷。这种观点有一定的时代局限性，但也体现了陆九韶所处时代的社会风貌，对今天的人们处理家庭人际关系有一定的启发性。

编者按

《居家正本制用篇》又称《陆氏家制》，是陆九韶专门制定的处理家庭事务和教养子弟的规范，分为“正本”和“制用”两篇，清陈宏谋收录于《训俗遗规》中时合称为“居家正本制用篇”。“正本”篇讲述为人处世的根本，即孝悌忠信的做人守则。陆九韶认为，爱护子弟的正确方式是加以教导，而教导的原则应以德行为先，言语文字为后。一个人只要能够通晓经义、知道古今历史，做到孝悌忠信，则功名利禄自然随之而来，即便没有获得功名利禄，也能够成为受人尊重的人。相反，如果一味追求功名利禄，忽视了内在修养，即便得到了高官厚禄，而内心空虚，也无法赢得他人的尊重。“制用”篇讲述家庭生活特别是财物使用方面的具体法则，主张量入为出，丰俭有度。陆九韶认为，家庭能够长久维持的关键是要制定一定的规则，长期遵守，养成习惯。他熟悉历史典章，参考国家财政的管理方法，提出家庭也应该根据实际情况确立花销预算的方案。他还指出，当家庭的财富积累有所余裕的时候，应适当地接济周围有困难的人；而当家庭的财富比较匮乏的时候，则应多加俭省，不要落到四处拆借的地步。

《居家正本制用篇》简明扼要，陈宏谋认为其“正本”之言，“其警世良切也”，而“制用”之道，“尤理之不可易也”。陆氏十代同居，“家法严肃，高风笃行，可仰可师”。本书选译所依据的，是线装书局2016年出版的《五种遗规》（清·陈宏谋）。

01. 古者生民八岁，入小学，学礼乐射御书数。至十五岁，则各因其材而归之四民。故为农工商贾者，亦得入小学。七年而后就其业。其秀异者，入大学而为士，教之德行。凡小学大学之教，俱不在言语文字。故民皆有实行，而无诈伪。

古代的百姓八岁就进入小学，学习礼仪、音乐、射箭、驾车、写字和算术六种技艺。到了十五岁，则因各人的才器不同而加入士农工商四民之中。因此，即便是那些成为农民、工人、商人的人，也都得进入小学学习。完成七年的学习之后才去从事他的本业。其中那些才器优秀出众的，进入大学，成为士人，以高尚的德行修养教育他们。无论小学、大学的教育，重点都不在于言语和文字上，而在德行上。因此，百姓都能有朴实的言行，而不狡诈虚伪。

02. 愚谓人之爱子，但当教之以孝悌忠信。所读须先六经论孟，通晓大义。明父子君臣夫妇昆弟朋友之节，知正心修身齐家治国平天下之道。以事父母，以和兄弟，以睦族党，以交朋友，以接邻里，使不得罪于尊卑上下之际。次读史，以知历代兴衰。究观皇帝王霸，与秦汉以来为国者，规模措置之方。功效逐日可见，惟患不为耳。

人爱护自己的孩子，就应该以孝悌、忠诚和信诺来教导他。读书一定要先读《诗》《书》《礼》《乐》《易》《春秋》六经和《论语》《孟子》，以此通晓大义。明白父子、君臣、夫妇、兄弟、朋友这些关系所应遵守的伦理纲常，知道正心诚意、修身齐家、治国平天下的道理。按照这些伦理纲常和道义来侍奉父母，与兄弟及朋友和谐相处，与族人和乡邻保持和睦关系，就能够在上下关系中行事自如而不被怪罪。接着要读史书，以此知晓历代的兴衰。探究和观察皇帝和成就帝王霸业的人，以及秦汉以来掌握国政的人制定规矩处置国是的方略。照这样做，功效自然会日积月累慢慢体现出来。

03. 世之教子者，惟教之以科举之业，志在于荐举登科，难莫难于此者。试观一县之间，应举者几人，而与荐者有几。至于及第，尤其希罕。盖是有命焉，非偶然也。此孟子所谓求在外者，得之有命，是也。至于止欲通经知古今，修身为孝悌忠信之人，此孟子所谓求则得之，求在我者也。此有何难，而人不为耶？

况既通经知古今，而欲应今之科举，亦无难者。若命应仕宦，必得之矣。而又道德仁义在我，以之事君临民，皆合义理，岂不荣哉！

世上教育子弟的人，大多只教以科举的方法，目的在于得到推荐举拔，入朝为官，世上最困难的事莫过于此。试看一个县里面，有多少人去参加科举考试，而能够通过的又有几人。至于最终考中进士，就更加稀有罕见了。这大概是有命数的。孟子所说的“追求外在的东西，能否得到是有命数的”[1]，说的就是这个道理。至于只想要通晓经义，知道古往今来的事迹和道理，修养自身，成为一个孝悌忠诚守信诺的人，这是孟子所说的“追求即可获得，因为这是追求内在的东西”。这其实并不算难，难只难在人们不肯去做罢了。事实上，通晓经义、知道古往今来的事迹和道理之后，参加如今的科举考试，反倒变得不再是什么难事。如果命中应该出仕为官，一定会中第的。这时自己已经具备了道德修养和仁义之心，将这份修养用来侍奉君主、治理人民，都能够符合义理，难道不是一件荣耀的事吗！

04. 人孰不爱家，爱子孙，爱身？然不克明爱之之道，故终焉适以损之。一家之事，贵于安宁和睦悠久也。其道在于孝悌谦逊。仁义之道，未尝言之。朝夕之所从事者，名利也。寝食之所思者，名利也。相聚而讲究者，取名利之方也。言及于名利，则洋洋然有喜色。

1 “求在外者，得之有名”，和后面的“求则得之，求在我者也”是同一典故，语出《孟子·尽心上》，原句是：孟子曰：“求则得之，舍则失之，是求有益于得也，求在我者也。求之有道，得之有命，是求无益于得也，求在外者也。”意思是说，追求就能得到，舍弃就会失去，这种情况是追求有利于得到的，指的是追求内在的东西。追求有一定的方法，而能否得到要看天命，这种求索无益于得到，因为所求的东西是身外之物。

言及于孝悌仁义，则淡然无味，惟思卧，幸其时数之遇，则跃跃以喜。小有阻意，则躁闷无容矣。如其时数不偶，则朝夕忧煎，怨天尤人。至于父子相夷，兄弟叛散，良可悯也。岂非爱之适以损之乎？

谁人不爱护家庭、爱怜子孙、爱惜自身？然而不能够明白爱的正确方式，最终却会损害了他们。家庭中，最宝贵的在于保持安宁和睦，长久地维持门庭不衰。方法在于家人之间以孝悌谦逊的原则相处。但是现在的人对于仁义之道，已经很少关心了。从早到晚所做的事，是为了追求名利。寝食之时考虑的事，也是名利。聚在一起所谈论的，是获取名利的方法。说到名利的时候，就面露喜色，洋洋得意。说到孝悌仁义的时候，就觉得淡然无趣，只想睡觉。如果际遇顺利，就跃跃欲试，开心不已。际遇稍微不顺，就感到躁动烦闷，没有好脸色了。如果际遇一直不顺，就日夜忧虑煎熬，怨天尤人。甚至到了父子互相伤害，兄弟背叛离散的地步，实在是可怜。这难道不是因为爱护反而导致了损害吗？

05. 夫谋利而遂者，不百一，谋名而遂者，不千一。今处世不能百年，而乃侥幸于不百一不千一之事，岂不痴甚矣哉！就使遂志，临政不明仁义之道，亦何足为门户之光耶？愚深思熟虑久矣，而不敢出诸口。今老矣，恐一旦先朝露而灭，不及与乡曲父兄子弟，语及于此。怀不满之意，于冥冥之中，无益也。故辄冒言之，幸垂听而择焉。

谋求利益而如愿以偿的人，百中无一。谋求名声而如愿以偿的人，千里无一。一个人活在世上很难活到一百年，而对于百中无一、千里无一的事抱以侥幸的心理，难道不是太痴傻了吗？即便真的如愿以偿，处理政事的时候不明晓仁义的道理，又怎么能够光耀门楣呢？我对这件事深思熟虑了很久，而不敢轻易说出来。如今我也老了，就怕自己说不定什么时候就离开人世了，来不及与父老乡亲和兄弟子侄们说说这些道理。心中抱着不满的态度，于天定的事情并没有什么助益。因此我冒昧地说出来，希望大家能够垂听和择取。

06. 夫事有本末，知愚贤不肖者本，贫富贵贱者末也。得其本，则末随，趋其末，则本末俱废，此理之必然也。今行孝悌，本仁义，则为贤为知。贤知之人，众所尊仰。箪瓢为奉，陋巷为居，己固有以自乐，而人不敢以贫贱而轻之。岂非得其本，而末自随之。夫慕爵位，贪财利，则非贤非知。非贤非知之人，人所鄙贱。虽纡青紫，怀金玉，其胸襟未必通晓义理。己无以自乐，而人亦莫不鄙贱之。岂非趋其末，而本末俱废乎！

事物有其根本和末节，一个人是智慧还是愚昧、是贤能还是不贤能，这是根本的，一个人是贫穷还是富有、地位是高贵还是卑下，这是末节。追求根本的东西，末节就会随之而来；追求末节，根本和末节就都得不到。以孝悌为处事的原则，以仁义为处事的根本，就能够成为贤能有智慧的人。贤能有智慧的人，是大家所尊敬景仰的。这样的人即便衣食住行的条件都很简陋，也有自得其乐的东西，别人也不敢因为他的贫穷和地位低下而轻视他。这难道不是得到了根本的东西，末节就随之而来的例证吗？如果追慕爵位、贪图财货和利益，就不是贤能有智慧的人。不贤能智慧的人，人们就会鄙视轻贱。即便系着象征身份地位的青紫绶带，有金玉所制的器物，却未必通晓义理，没有能够自得其乐的东西，人们也没有不鄙视轻贱他的。这难道不是追求末节，而根本和末节都得不到吗！

07. 古之为国者，冢宰制国用，必于岁之杪，五谷皆入，然后制国用。用地大小，视年之丰耗。三年耕，必有一年之食。九年耕，必有三年之食。以三十年之通制国用，虽有凶旱水溢，民无菜色。国既若是，家亦宜然。故凡家有田畴，足以赡给者，亦当量入以为出，然后用度有准，丰俭得中，怨讟不生，子孙可守。

古代掌管国家的人，由冢宰[1]来管理国家的用度，一定会在岁末的时候，将五谷都收入国库，然后再安排国家的开支用度。使用土地的大小，是根据年景来决定的。耕种三年，

1 冢宰，官名，即太宰。殷商时设置，位次三公，为六卿之首。

一定要留出一年的粮食。耕种九年，一定要留出三年的粮食。用三十年的积累来支持国家的开支用度，即便遇到凶年、旱灾和水灾等情况，也不至于让百姓挨饿。一个国家是这样，一个家庭也应该如此。因此，凡是有田产，能够自给自足的家庭，也应该根据收入多少作开销的打算，这样用度就有标准，奢侈和俭朴都能安排适宜，不致生出怨妒，子孙也能够守住产业。

08. 今以田畴所收，除租税，及种盖粪治之外，所有若干，以十分均之，留三分为水旱不测之备，一分为祭祀之作用，六分分十二月之用。取一月合用之数，约为三十分，日用其一。可余而不可尽用，至七分为得中，不及五分为啬。其所余者，别置簿收管，以为伏腊裘葛，修葺墙屋，医药，宾客，吊丧，问疾，时节馈送。又有余，则以周给邻族之贫弱者，贤士之困穷者，佃人之饥寒者，过往之无聊者。

田产的收入，除去缴纳租税，以及种子肥料等的花费之外，所有的剩余平均分成十份，留出三份来以备遇到水旱灾害等不测之时，一份用于祭祀，剩下的六份分成十二个月来使用。取出一月应使用的数量，大概分成三十份，每天用一份。可使有所余裕但不能都用掉，用到七分是恰当的，用不到五分就是吝啬了。富余出来的部分，另用一个本子来记录管理，用于冬夏添置衣物、修葺墙垣和屋子、寻医问药、宴请宾客、吊丧问疾，以及逢年过节的馈赠。如果还有富余，就用来周济贫穷孤弱的邻居亲族、贫穷受困的贤能士子、受饥寒的佃户，和无所依靠的过往行人。

09. 其有田少而用广者，但当清心俭素，经营足食之路。于接待宾客、吊丧、问疾、时节馈送、聚会饮食之事，一切不讲。免至于干求亲旧，以滋过失。责望故索，以生怨尤。负讳通借，以招耻辱。家居如此，方为称宜。而远吝侈之咎，积是成俗，岂惟一家不忧水旱之灾，虽一县、一郡、通天下，皆无忧矣，其利岂不溥哉！

那些田产少而用度多的人家，就应该清心少欲，俭省朴素，用心经营家产，以求衣食丰足。对于接待宾客、吊丧问疾、逢年过节的馈赠、聚会饮食这类事情，就不要太讲究了。以免落得求救于亲友故旧的地步，滋生过失。索求于他人，使别人心生怨尤。不顾忌讳地到处借钱，招致耻辱。家庭生活做到这样，才算合适，既不十分吝啬又不过分奢侈。这样时间长了便养成良好习惯，不光一个家庭不为水旱灾害产生忧患，就是一个县、一个郡，乃至全天下，都不会有忧患了，其中的好处难道不广大吗！

10. 前所谓一切不讲者，非绝其事也，谓不能以货财为礼耳。如吊丧，则以先往后罢为助。宾客，则樵苏供爨清谈而已。至如奉亲最急也，啜菽饮水尽其欢，斯之谓孝。祭祀最严也，蔬食菜羹，足以致其敬（方不是因贫乏而废礼义）。凡事皆然，则人固不我责，而我亦何歉哉！如此，则礼不废而财不匮矣。

前面所说一应事务都不要太讲究，不是说不去做这些事，而是说不能把财物等同于礼仪。比如说丧吊这件事，就可以早点去晚点走，给主人家帮忙来代替送钱。招待宾客，就用柴草烧火，大家坐下来清谈就行了。至于奉养父母，是最要紧的事，用豆子和清水来供养父母而承欢膝下，这也能说是孝顺了。祭祀是最郑重的事，蔬菜做的菜和汤，也足以表达敬意（这不算是因为贫穷匮乏而废礼义）。凡事都是这样，别人当然不能责怪我，而我也没有什么亏歉了！这样一来，就能不废礼仪而财物也不至于匮乏了。

11. 世所用度，有何穷尽？盖是未尝立法，所以丰俭皆无准则。好丰者，妄用以破家。好俭者，多藏以敛怨。无法可依，必至于此。愚今考古经国之制，为居家之法，随赀产之多寡，制用度之丰俭。合用万钱者，用万钱，不谓之侈，合用百钱者，用百钱，不谓之吝，是取中可久之制也。

世间需要花销的地方，有什么穷尽呢？这大概是因为没有确立一定的法度，所以丰盛和俭省都没有固定的标准。喜好丰盛的人，过分花销以至于败尽家产。喜好俭省的人，过分聚敛积累财富以至于招致怨恨。没有一定的法度可以依靠，一定会落到这样的地步。我现在考察自古以来经营国家的制度，作为处理家庭事务的法度，根据资产的多少来决定用度的丰盛或俭省。该花费一万钱的时候，花费一万钱，不能说是奢侈；该用一百钱的时候，用一百钱，不能说是吝啬，这是取用合宜可以长久的方法。

听听听听听听听，劳我以生天理定。
若还懒惰必饥寒，莫到饥寒方怨命。
虚空自有神明听。

听听听听听听听，衣食生身天付定。
酒肉贪多折人寿，经营太甚违天命。
定定定定定定定。

听听听听听听听，好将孝弟酬身命。
更将勤俭答天心，莫把妄思损真性。
定定定定定定定，早猛醒。

——陆九韶《家训歌谣》

《朱子家训》

朱熹

作者小传

朱熹（1130—1200），字元晦，又字仲晦，号晦庵，晚号晦翁，谥文，世称朱文公。朱熹祖籍江南东路徐州府萧县，南宋时朱氏家族迁居徽州府婺源县，朱熹本人则出生在南剑州尤溪（今福建省尤溪县）。南宋著名理学家、思想家、哲学家、教育家和诗人，南宋理学的集大成者，唯一非孔子亲传弟子而配祀孔庙的大儒。绍兴十八年（1148年），朱熹考中进士，登入仕途，初授泉州同安县主簿，后相继知南康军、漳州府等，为官有所建树，但受到内部政治斗争影响，仕途并不顺利。

朱熹重视教育，提振书院建设，在南康军任职期间恢复了白鹿洞书院，并亲自订立学规。淳熙九年（1182年），朱熹编订的《大学章句》《中庸章句》《论语集注》和《孟子集注》首次合并刊行，命名为《四书章句集注》，这是经学史上"四书"之名首次出现，朱注本成为元明清三代科举考试的官方指定教材。

编者按

《朱子家训》是朱熹对于子弟的训诫之语，存于福建朱氏家谱中，开始仅在朱氏一族内部流传，晚明时才初次单独刊出，但没有得到充分的推广和重视。20世纪90年代中期，世界朱氏联合会公布并大力推广这一文本，才使其影响力逐渐扩展。《朱子家训》篇幅极短，仅300余字，不像此前的许多家训一样分条列目对读书修身、为官理政、为人处世等提出具体的要求，而是以凝练的语言对个人道德修养提出了原则性的要求，是一部简明扼要的格言式家训。

《朱子家训》首先强调个人修养，对人在社会和家庭中扮演不同角色时应采取的行为方式和遵守的道德原则提出了宏观要求，申明了君仁臣忠、父慈子孝、兄友弟恭、夫和妇柔的传统道德规范，虽有一定的时代局限性，却也对于我们今天行为处事提供了一种借鉴。在与他人的关系方面，《朱子家训》带有明显的明哲保身色彩，主张注重自省，而不去过多地干涉他人，做好自己分内的事，而不能贪多务得。

本书选译所依据的，是华东师范大学出版社2015年出版的《朱子家训》。

01. 父之所贵者，慈也。子之所贵者，孝也。兄之所贵者，友也。弟之所贵者，恭也。

做父亲的，最贵重的品质是慈爱。做儿女的，最贵重的品质是孝顺。做兄长的，最贵重的品质是友爱。做弟弟的，最贵重的品质是恭敬。

02. 事师长贵乎礼也，交朋友贵乎信也。

侍奉老师和长辈，最要紧的是遵守礼仪，和朋辈友人交往，最要紧的是守信用。

03. 见老者，敬之；见幼者，爱之。

对于年长的人，要尊敬他；对于年幼的人，要爱护他。

04. 有德者，年虽下于我，我必尊之；不肖者，年虽高于我，我必远之。

有德行的人，即使年纪比我小，我也一定要尊重他；不贤能的人，即使年纪比我大，我也一定要远离他。

半亩方塘一鉴开，天光云影共徘徊。
问渠哪得清如许，为有源头活水来。

——朱熹《观书有感》

满山残雪对虚堂，想似当年辋口庄。
门掩不须垂铁锁，客来聊复共藜床。
故人闻道歌围暖，妙语空传醉墨香。
莫为姬姜厌憔悴，把酒论文话偏长。

——朱熹《次韵雪后书事》（节选）

05. 慎勿谈人之短，切莫矜己之长。

千万不要谈论他人的短处；切记不要因自己的长处而骄傲。

06. 人有小过，含容而忍之；人有大过，以理而喻之。

别人有小的过错，就以宽大的胸怀忍耐一下；别人有大的过错，就对他讲明道理。

07. 勿以善小而不为，勿以恶小而为之。

不要因为一件好事很小就不去做，不要因为一件坏事很小就去做。

08. 处世无私仇，治家无私法。

处理公共事务不应掺杂个人的仇恨，处理家庭事务不应以个人标准为原则。

09. 勿损人而利己，勿妒贤而嫉能。

不要为自己的利益而损害他人的利益，不要嫉妒贤能的人。

10. 勿称忿而报横逆，勿非礼而害物命。

不要因为愤怒而做出横暴逆行的事来，不要违背礼义而伤害万物的性命。

11. 见不义之财勿取，遇合理之事则从。

对于来路不正的财物，不要去拿；遇到合情合理的事情，就顺势而为。

12. 诗书不可不读，礼义不可不知。子孙不可不教，僮仆不可不恤。斯文不可不敬，患难不可不扶。

不可以不诵读诗书，不可以不知晓礼义。不可以不教导子孙，不可以不体恤下属仆役。不可以不敬畏有道德、学识的人，不可以不帮扶有困难的人。

余尝谓，读书有『三到』，谓心到，眼到，口到。心不在此，则眼不看仔细，心眼既不专一，却只漫浪诵读，决不能记，记亦不能久也。三到之中，心到最急。心既到矣，眼口岂不到乎？

——朱熹《训学斋规》（节选）

《世范》

袁采

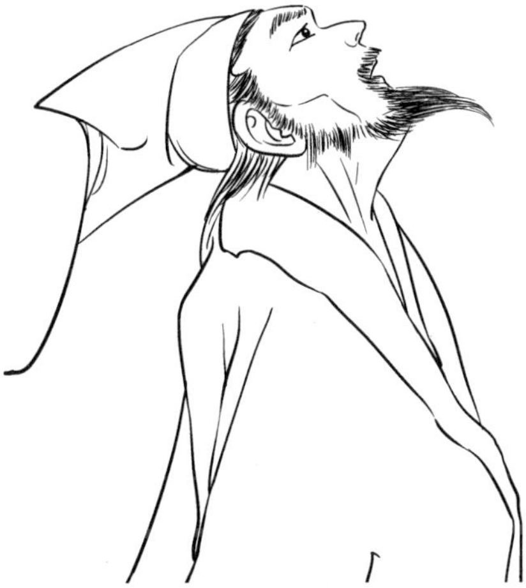

作者小传

袁采，生年不详，卒于1195年，字君载，信安（今浙江衢县）人。南宋孝宗隆兴元年（1163年）进士，官至监登闻鼓院，以廉明刚直著称。淳熙五年（1178年）任乐清县令，为官刚正，重视文教，重建乐清县学，并主持修纂了乐清最早的县志。

袁采主张以公正的态度处理家庭中的人际关系，对待家庭成员在各方面做到公平，不偏私，这样才能长久维持和睦。对待邻里、乡党亦然，凡事要从一开始就考虑周全，尽量防微杜渐，才能免除后续的纷扰。这一观点突出了“理”的重要性，有别于盲目服从权威的封建糟粕，对我们今天的生活仍有启示作用。

编者按

袁采所著《世范》又称《袁氏世范》，与司马光所著《家范》齐名并称。袁采在乐清县令任上，为了实现“厚人伦、美风俗”的治理目标而写作了一部通俗修身读本，将儒家典籍中关于修身处世的原则用通俗切近的语言表达出来，“言则精确而详尽，意则敦厚而委曲”，以期教化风俗。袁采将这部作品命名为“俗训”，府判刘镇为其作序时，认为它“岂唯可以施之乐清，达诸四海可也；岂唯可以行之一时，堂诸后世可也”，因此将之命名为“世范”。

《世范》分为睦亲、处己和治家三篇，分别介绍与家庭成员之间相处、自身修养和管理家族及产业三个方面的原则。袁采认为人应该能够推己及人，换位思考，这样才能与他人相处得宜。家庭成员相处最重要的是能够互相理解包容，不勉强别人和自己一样，这样自然就不会产生矛盾和纠纷；推而广之，对他人也应该以理解包容的态度待之，避免滋生怨恨。另外，袁采还对治理家庭及经营产业提出了一些具体的指导。

本书选译所依据的，是商务印书馆“丛书集成初编”本《袁氏世范》。

01. 人之至亲，莫过于父子兄弟。而父子兄弟有不和者，父子或因于责善，兄弟或因于争财。有不因责善、争财而不和者，世人见其不和，或就其中分别是非而莫名其由。盖人之性，或宽缓，或褊急，或刚暴，或柔懦，或严重，或轻薄，或持检，或放纵，或喜闲静，或喜纷拏，或所见者小，或所见者大，所禀自是不同。父必欲子之强合于己，子之性未必然；兄必欲弟之性合于己，弟之性未必然。其性不可得而合，则其言行亦不可得而合。此父子兄弟不和之根源也。况凡临事之际，一以为是，一以为非，一以为当先，一以为当后，一以为宜急，一以为宜缓，其不齐如此。若互欲同于己，必致于争论，争论不胜，至于再三，至于十数，则不和之情自兹而启，或至于终身失欢。若悉悟此理，为父兄者通情于子弟，而不责子弟之同于己；为子弟者，仰承于父兄，而不望父兄惟己所听，则处事之际，必相和协，无乖争之患。孔子曰："事父母，几谏，见志不从，又敬不违，劳而无怨。"

人最亲密的，莫过于父子兄弟，而父子兄弟之间也有不和睦的情况。父子之间不和可能是因为父亲对儿子期望过甚、要求太高，兄弟之间不和可能是因为争夺家产。当然也有不是因为这些原因而不和睦的，外人见到这种情况，可以就具体的事情分辨双方的是非，而无法明白其中的根由。这大概是因为人的本性不同，有的人宽大缓和，有的人量窄急躁，有的人刚烈强硬，有的人柔弱怯懦，有的人喜欢闲适安静，有的人喜欢纷扰掌控，有的人见识广博，有的人见识较少，这些人的禀赋自然也就不同。父亲一定希望儿子的性情像自己，但儿子未必能够如此。兄长一定希望弟弟的性情像自己，但弟弟未必能够如此。性情不一致，他们的言行举止也就很难一致。这是父子兄弟之间不和睦的根源。遇到事情的时候，一个人以为是对的，另一个人以为是错的；一个人以为应该先做的事，另一个人以为应该后做；一个人以为应该抓紧，另一个人以为应该缓一缓。其中差异如此之大，如果每个人都想让别人和自己想的一样，一定会导致争论。如果在争论中不能说服别人，而且这样的事一再发生，那么不和睦的情绪，就从此开始滋生了，甚至可能结下一生解不开的心结。如果明白了这个道理，做父兄的就要了解子弟的性情，而不去勉强要求子弟和自己一样。做子弟的要仰仗父兄，而不苛求父兄听从自己的意见。这样，在处理事情的时候，就一定能够相互协调，没有纷争的麻烦。孔子说："侍奉父母要委婉地劝说，即使他们不听从，仍然要态度恭敬而不违背父母，虽然心存忧虑但不能怨恨。"[1]

---

1 "事父母几谏，见志不从，又敬不违，劳而不怨。"语出《论语·里仁》。

02. 慈父固多败子，子孝而父或不察。盖中人之性，遇强则避，遇弱则肆。父严而子知所畏，则不敢为非；父宽则子玩易，而恣其所行矣。子之不肖，父多优容；子之愿悫，父或责备之无已。惟贤智之人即无此患。至于兄友而弟或不恭，弟恭而兄不友；夫正而妇或不顺，妇顺而夫或不正，亦由此强即彼弱，此弱即彼强，积渐而致之。为人父者，能以他人之不肖子喻己子；为人子者，能以他人之不贤父喻己父，则父慈而子愈孝，子孝而父亦慈，无偏胜之患矣。至于兄弟、夫妇，亦各能以他人之不及者喻之，则何患不友、恭、正、顺者哉！

过于慈爱的父亲容易造就败家儿子，儿子的孝顺有时却并不为父亲所觉察。大概平常人的性情，就是遇到强大的事物就自觉回避，遇到软弱的事物就大肆放纵。父亲严厉，儿子就有所畏惧，就不敢胡作非为。父亲宽容，儿子就容易轻忽懈怠、放纵自己的行为。儿子不肖，多半是因为父亲对他过于宽容；儿子朴实诚恳，父亲却可能对他过分求全责备。只有贤能有智慧的人才没有这种困扰。至于兄长友爱而弟弟可能不恭敬，弟弟恭敬而兄长可能不友爱；丈夫正派而妻子可能不柔顺，妻子柔顺而丈夫可能不正派这些事，也都是由于一方强势而另一方弱势，一方弱势而另一方强势，渐渐积累而成的。做父亲的，要能够从别人家不贤能的儿子身上了解自己儿子可能存在的问题；做儿子的，要能够从别人家不贤德的父亲身上了解自己父亲可能存在的问题，这样一来，父亲慈爱，儿子就越是孝顺，儿子孝顺，父亲就越是慈爱，没有一方过分压制另一方的困扰了。至于兄弟夫妇之间，也都能通过别人身上的不足来了解自己，哪还用得着担心兄长不友爱弟弟不恭敬、丈夫不正派妻子不柔顺呢？

03. 人言居家久和者，本于能忍。然知忍而不知处忍之道，其失尤多。盖忍或有藏蓄之意。人之犯我，藏蓄而不发，不过一再而已。积之既多，其发也，如洪流之决，不可遏矣。不若随而解之，不置胸次。曰："此其不思尔。"曰："此其无知尔。"曰："此其失误尔。"曰："此其所见小尔。"曰："此其利害宁几何？"不使入于吾心，虽日犯我者十数，亦不至形于言而见于色，然后见忍之功效为甚大，此所谓善处忍者。

人们说，家庭能够维持长久和睦的根本，在于能够忍耐。然而，知道忍耐而不知道忍耐的正确方式，过失就会特别多。忍大概具有藏匿起来的意思，别人冒犯了我，而我把不满的情绪藏匿起来不发作，这种事不过只能做一两回罢了。情绪积累得多了，发作的时候就好像洪流决堤，不可阻遏了。不如随着事情发生就开解自己的情绪，说他是没多想也好，是不知道也好，是失误也好，是见识短浅也好，总之，这件事对我能有多大的损害呢？不要让这样的事进入我的心里，即便一天之中有人冒犯我十几次，也不至于表现在脸上。这样才能体现出忍耐的功效之大，这才是所谓的善于忍耐的人。

04. 人之有子，须使有业。贫贱而有业，则不至于饥寒；富贵而有业，则不至于为非。凡富贵之子弟，耽酒色，好博弈，异衣服，饰舆马，与群小为伍，以至破家者，非其本心之不肖，由无业以度日，遂起为非之心。小人赞其为非，则有餔啜钱财之利，常乘间而翼成之。子弟痛宜省悟。

一定要让子孙有事业可做。出身贫贱的人有事业可做，就不至于挨饿受冻。出身富贵的人有事业可做，就不至于胡作非为。富贵人家的子弟，沉溺于酒色，喜欢赌博，喜欢奇装异服，爱好华丽的车马，与小人厮混，最终落得败家的下场，不是因为他们本身就不贤能，而是因为没有事业来填充他们的时间，于是就有了胡作非为之心。小人称赞他们的胡作非为，就可以跟着捞取吃喝钱财之类的小利，所以经常乘机撺掇鼓励他们这样做。对此，子弟应该深思醒悟。

05. 大抵富贵之家教子弟读书，固欲其取科第及深究圣贤言行之精微。然命有穷达，性有昏明，不可责其必到，尤不可因其不到而使之废学。盖子弟知书，自有所谓无用之用者存焉。史传载故事，文集妙词章，与夫阴阳、卜筮、方技、小说，亦有可喜之谈，篇卷浩博，非岁月可竟。子弟朝夕于其间，自有资益，不暇他务。又必有朋旧业儒者，相与往还谈论，何至饱食终日，无所用心，而与小人为非也。

富贵人家教养子弟读书，大都是为了让他们通过科举考试进入仕途，以及深入地了解圣贤言行中的精深微妙之处。然而，一个人是否能实现要求是有命数的，领悟圣贤言行精神的禀赋也各有差异，不可以要求他们一定能够通过科举考试，或在学问上取得精深的造诣，尤其不能因为他们考试不顺利或者做学问天赋不足而让他们放弃读书。子弟读书，自然有“无用之用”。史书中记录了过去的事情，文集中有精妙的辞藻言论，就是那些讲述阴阳、卜筮、方技的杂书和小说，其中也有人们所喜欢的谈资。书籍的数量巨大，是人一辈子也读不完的。子弟每天流连于书籍之中，自然会有一定的进步，同时他也就顾不上做其他的事，又一定会有些志同道合的朋友和有学问的人与他往来探讨，这样就不至于每天吃饱了饭无所事事，以至于和小人混迹在一起了。

06. 人有数子，饮食、衣服之爱不可不均一；长幼尊卑之分，不可不严谨；贤否是非之迹，不可不分别。幼而示之以均一，则长无争财之患；幼而教之以严谨，则长无悖慢之患；幼而有所分别，则长无为恶之患。今人之于子，喜者其爱厚，而恶者其爱薄。初不均平，何以保其他日无争？少或犯长，而长或陵少，初不训责，何以保其他日不悖？贤者或见恶，而不肖者或见爱，初不允当，何以保其他日不为恶？

人家里有好几个孩子的时候，在饮食衣服方面的条件，不可以不平均一致；年长和年幼之间的尊卑关系，不可以不严格谨慎；贤能与否和对错之别，不可以不分辨清楚。孩子们小的时候，对待他们不厚此薄彼，长大后就没有争夺家产的隐患。孩子们小的时候，以严格谨慎的规矩来教导他们，长大后就没有互相冲突轻慢的麻烦。孩子们小的时候，使他们对善恶好坏有明确的认识，长大后就不会做坏事。如今人们对于孩子，往往是给偏爱的孩子更好的衣食，而给不偏爱的孩子就少些，一开始就没有做到公平，怎么能保证将来他们不会互相争夺呢？年幼的孩子有时会冒犯年长的孩子，年长的孩子有时也会欺负年幼的孩子，一开始不对这种行为进行训诫责罚，怎能保证将来他们不互相冲突呢？贤能的孩子不受父母的偏爱，而不贤能的孩子反倒获得父母的偏宠，一开始就没有做到公允恰当，怎能保证他们将来不做坏事呢？

07. 子孙有过，为父祖者多不自知，贵官尤甚。盖子孙有过，多掩蔽父祖之耳目。外人知之，窃笑而已，不使其父祖知之。至于乡曲贵宦，人之进见有时，称道盛德之不暇，岂敢言其子孙之非！况又自以子孙为贤，而以人言为诬，故子孙有弥天之过而父祖不知也。间有家训稍严，而母氏犹有庇其子之恶，不使其父知之。富家之子孙不肖，不过耽酒，好色、赌博、近小人，破家之事而已。贵宦之子孙不止此也。其居乡也。强索人之酒食，强贷人之钱财，强借人之物而不还，强买人之物而不偿。亲近群小，则使之假势以凌人；侵害善良，则多致饰词以妄讼。乡人有曲理犯法事，认为己事，名曰担当；乡人有争讼，则伪作父祖之简，干恳州县，求以曲为直；差夫借船，放税免罪，以其所得为酒色之娱。殆非一端也。其随侍也，私令市贾买物，私令吏人买物，私托场务买物，皆不偿其直；吏人补名，吏人免罪，吏人有优润，皆必责其报；典卖婢妾，限以低价，而使他人填赔；或同院子游狎，或干场务放税。其他妄有求觅，亦非一端，不恤误其父祖陷于刑辟也。凡为人父祖者，宜知此事，常关防，更常询访，或庶几焉。

子孙有过失，父祖大都不知道，地位高贵的官宦人家尤其如此。这大概是因为子孙有过失，总要向父祖隐瞒，别人知道了，也不过是在暗地里嘲笑罢了，不会告诉他的父祖知道。至于那些乡里地位高贵的官宦人家，外人能见到其父祖的时间本来就很有限，忙着奉承巴结尚且不及，哪里敢说他家子孙的不是呢？何况这些官宦人家的父祖总觉得自己的子孙是很贤能的，别人说他们的肯定是污蔑。因此，子孙犯下了天大的过错，家中父祖往往并不知情。也有一些人家规矩比较严格，但母亲还是会包庇孩子们的过失，不让他们的父亲知道。单纯富有的家庭，子孙不贤能，不过是沉溺于酒色，赌博，和小人相聚，最终败掉家产而已。地位高贵的官宦人家，子弟不贤能为祸就不止如此了。他们在乡里，强行索要别人的酒食，强行向别人借钱借物而不归还，强行买别人的东西而不给钱。他们亲近一众小人，就会使这些小人仗他们的势而欺负别人；他们侵害善良的百姓，就用一些矫饰的言论去进行诉讼。乡里有人做了不合理法的事，他们就揽过来，当成是自己的事，美其名曰担当。乡里有人需要争讼，他们就伪造家中父祖的名简，向州县的官员说情，拜托他们颠倒是非曲直，免去本来的罪过，从中谋取的利益则用于酒色花销，这样的事大概不是个例。他们的随从，私自让市井商人买东西，让衙门里的小吏买东西，让盐铁等专卖管理机构的人买东西，都不给符合价格的钱。衙门里的小吏顶替职位，免于罪责，或得到一些小利益，他们都要求分一杯羹。别人典卖家中的妾室和奴婢，他们压低价格，使别人吃亏。他们和仆役冶游狎玩，干涉盐铁等专卖事务，以及其他恣意的求索之事，也不是一件两件。他们丝毫不顾虑这样做会妨碍家中的父祖，使他们陷入违法乱纪的困境中。身为父祖的人，应该知道这类事情，对子孙可能犯下的过错要经常防范，更要经常询问查访，这大概就差不多了吧。

08. 富贵乃命分偶然，岂宜以此骄傲乡曲？若本自贫窭，身致富厚；本自寒素，身致通显，此虽人之所谓贤，亦不可以此取尤于乡曲。若因父祖之遗资而坐飨肥浓，因父祖之保任而驯致通显，此何以异于常人？其间有欲以此骄傲乡曲，不亦羞而可怜哉？

富贵是人命中注定的概率事件，哪里能够凭借富贵而在乡里炫耀骄傲呢？如果本来是很贫穷的，靠自己的努力而获得了丰厚的资产，或者本来是很寒微的，靠自己的努力赢得了显赫的地位，这种情况虽然被大家称为贤能，但也不能因此而过分炫耀，使乡里乡亲嫉恨。如果是靠着父祖的遗产而坐地就享受到好吃好喝，或者受到父祖的荫庇提携而获得显赫的地位，这和一般人有什么区别呢？这种情况如果还想要借此向乡里乡亲们炫耀，不是一件让人觉得羞愧而可怜的事吗？

09. 操履与升沉，自是两途。不可谓操履之正，自宜荣贵；操履不正，自宜困厄。若如此，则孔、颜应为宰辅，而古今宰辅达官，不复小人矣。盖操履自是吾人当行之事，不可以此责效于外物。责效不效，则操履必怠，而所守或变，遂为小人之归矣。今世间多有愚蠢而享富厚、智慧而居贫寒者，皆自有一定之分，不可致诘。若知此理，安而处之，岂不省事？

一个人的操守品格和他在仕途上的升沉，原本是两码事。不要认为一个人操守品格端正，就一定应该获得荣华富贵；操守品格不端正，就一定应该陷入困顿的境地。如果是这样的话，那么孔子、颜回这些圣贤一样的人物，就应该成为执掌一国的宰辅大臣，而古往今来的所有执掌国政的大臣和显赫的官员中，就不会有小人了。操守和品格的修养是我们应该做的事，不可以因为自己坚守端正的操守和品格就希求得到外在的奖赏。如果这样的话，得不到外在的奖赏时，自己就会放松修养，甚至放弃最初的坚守，最后沦为小人。如今世上有很多愚蠢不贤的人享有富贵，而有智慧的人却过着贫寒的生活，这都是有一定的命数的，不能因为这样就生气不满。如果知道了这个道理，安然地面对命运安排，难道不是省去很多烦恼吗？

10. 膺高年享富贵之人，必须少壮之时尝尽艰难，受尽辛苦，不曾有自少壮享富贵安逸至老者。早年登科及早年受奏补之人，必于中年龃龉不如意，却于暮年方得荣达。或仕宦无龃龉，必其生事窘薄，忧饥寒，虑婚嫁。若早年宦达，不历艰难辛苦，及承父祖生事之厚，更无不如意者，多不获高寿。造物乘除之理，类多如此。其间亦有始终享富贵者，乃是有大福之人，亦千万人中间有之，非可常也。今人往往机心巧谋，皆欲不受辛苦，即享富贵至终身。盖不知此理，而又非理计较，欲其子孙自小安然享大富贵，尤其蔽惑也，终于人力不能胜天。

命中得享高寿和富贵的人，一定会在年轻力壮的时候，承受许多艰难和辛苦，从来没有人从年轻力壮的时候就开始享有荣华富贵还能一直安逸到老的。年轻的时候就通过科举考试或父祖的荫庇当上官的人，到了中年的时候一定会遭受一些仕途上的挫折，到晚年才能荣贵显达。或者虽然在仕途上不曾遭遇挫折，但在生活上会遇到困难，为衣食而忧虑，为儿女婚嫁而发愁。如果年轻的时候就仕途顺利，没有遭受过艰难困苦，或者继承了父祖的家业，物质上也没有一点不如意，这样的人往往不能享有高寿。上天造物总是各有取舍，使大家大体平均的道理，大概就是这样的。也有一些人一辈子都荣华富贵，这是有大福气的人，千万人中或有一二，不是常态。如今人们却总想要百般算计，都想不用承受辛苦，就一辈子享受富贵，大概就是不知道这个道理的缘故，所以才有这种不合于道理的想法，而那些希望自己的子孙能够从小就过着安逸的生活，一辈子享受荣华富贵的人，就更是不明白事理了，最终人的力量也是不能拗过命数的。

11. 人生世间，自有知识以来，即有忧患不如意事。小儿叫号，皆其意有不平。自幼至少至壮至老，如意之事常少，不如意之事常多。虽大富贵之人，天下之所仰羡以为神仙，而其不如意处各自有之，与贫贱人无异，特所忧虑之事异尔。故谓之缺陷世界，以人生世间无足心满意者。能达此理而顺受之，则可少安。

人生活在世界上，自从有了知觉和认识的能力，就有了忧虑困扰和不如意的事。小孩子生下来就哭号，都是因为他们心里有不平的事，从幼年到少年到壮年到老年，一个人所遇的如意之事总是少，不如意之事总是多。即便是大富大贵的人，天下人都钦仰羡慕他们，以为他们过着神仙一样的生活，而他们也各自有不如意的地方，与贫贱中的人没有什么区别，不过所忧愁困顿的具体的事情各有不同罢了。所以人们才说这是一个有缺陷的世界，人生活在这个世上，没有称心如意的人。如果能领悟到这个道理而顺承生活中的挫折，就可以稍微安然一些了。

12. 人之德性出于天资者，各有所偏。君子知其所偏，故以其所习为而补之，则为全德之人。常人不自知其偏，以其所偏而直情径行，故多失。《书》言九德，所谓宽、柔、愿、乱、扰、直、简、刚、强者，天资也；所谓栗、立、恭、敬、毅、温、廉、塞、义者，习为也。此圣贤之所以为圣贤也。后世有以性急而佩韦、性缓而佩弦者，亦近此类。虽然，己之所谓偏者，苦不自觉，须询之他人乃知。

人出于天赋的道德和秉性，每个人都有一些偏颇之处。君子知道他的偏颇之处，所以用学习得来的东西弥补，就能够成为德行全面的人。普通人不知道自己的偏颇之处，依据自己偏颇的德行而恣意行事，就会犯下许多过失。《尚书》说到的九种优良品格[1]，其中宽宏、柔顺、谨厚、多才、驯服、正直、简易、刚正和坚强，是来自天赋的；其中坚栗、卓立、严

---

1 中国古代对“九德”有不同的说法，此处依据的是《尚书·皋陶谟》中的说法，原文是：皋陶曰：“都！亦行有九德。亦言，其人有德，乃言曰，载采采。”禹曰：“何？”皋陶曰：“宽而栗，柔而立，愿而恭，乱而敬，扰而毅，直而温，简而廉，刚而塞，强而义。彰厥有常，吉哉！”

恭、敬慎、刚毅、温和、方正、笃实和合宜，是后天学习得来的。这是圣贤之所以成为圣贤的原因。正如有性子急躁的人佩戴制熟的皮革，以提醒自己放缓一些；有性子缓和的人佩戴绷紧的弓弦，以提醒自己紧张起来，也差不多是这个意思。[1]即便如此，人们对于自己的偏颇之处还是苦于不能自我察觉，一定要询问别人才能知道。

13. 处己接物，而常怀慢心、伪心、妒心、疑心者，皆自取轻辱于人，盛德君子所不为也。慢心之人自不如人，而好轻薄人。见敌己以下之人，及有求于我者，面前既不加礼，背后又窃讥笑。若能回省自身，则愧汗浃背矣。伪心之人言语委曲，若甚相厚，而中心乃大不然。一时之间人所信慕，用之再三则踪迹露见，为人所唾去矣。妒心之人常欲我之高出于人，故闻有称道人之美者，则忿然不平，以为不然；闻人有不如人者，则欣然笑快，此何加损于人，只厚怨耳。疑心之人，人之出言，未尝有心，而反复思绎曰："此讥我何事？此笑我何事？"则与人缔怨，常萌于此。贤者闻人讥笑，若不闻焉，此岂不省事？

一个人为人处世和待人接物，总是怀着轻慢、虚伪、嫉

1 这个典故出自《韩非子·观行》，原文是：西门豹之性急，故佩韦以缓己；董安于之心缓，故弦统以自急。

妒和怀疑的心，都是自取其辱的行为，具备良好道德修养的君子是不会这样做的。怀有轻慢之心的人，自己本来也不如别人，却总喜欢对人轻慢简薄，对那些地位不如自己的和有求于自己的人，当面不讲礼貌，背后还议论嘲笑。如果能回想反省一下自己，就应该感到愧疚而汗流浃背。怀有虚伪之心的人，说话婉转，和别人好像很亲厚的样子，而心里面并不作此想。一段时间内还能受到别人的信任和倾慕，次数多了就会露出马脚，被人所唾弃。怀有嫉妒之心的人，总希望自己比别人好，所以听说大家夸赞某个人的美德，就心中不满，觉得事实不是如此；听说某个人不像别人一样好，就感到高兴。这对于别人而言又会造成什么实质性的损害呢？只不过是增加别人对自己的怨恨罢了。怀有怀疑之心的人，别人说话的时候并没有考虑太多，自己却反复琢磨：这是不是在议论我呢？这是不是在嘲笑我呢？与别人结下怨仇，往往由此而生。贤达的人听到别人讥笑自己，就当作没听见一样，这难道不是省去很多事端吗？

14. 言忠信，行笃敬，乃圣人教人取重于乡曲之术。盖财物交加，不损人而益己，患难之际，不妨人而利己，所谓忠也。不所许诺。纤毫必偿，有所期约，时刻不易，所谓信也。处事近厚，处心诚实，所谓笃也。礼貌卑下，言辞谦恭，所谓敬也。若能行此，非惟取重于乡曲，则亦无入而不自得。然敬之一事，于己无损，世人颇能行之，而矫饰假伪，其中心则轻薄，是能敬而不能为笃者，君子指为谀佞，乡人久亦不归重也。

说话做事要忠厚、信义、笃实、恭敬，这是圣人教导人们在乡里赢得尊重的办法。在财物来往的问题上，不损害他人的利益而满足自己的利益；在危难的时刻，不妨害他人的利益而满足自己的利益，这大概就可以说是忠厚了。有所许诺，就分毫不差地兑现；有所约定，就时刻不差地做到，这大概就可以说是信义了。做事厚道，居心诚实，这大概就可以说是笃实了。把自己放得低一些，说话谦让恭敬一些，这大概就可以说是恭敬了。能做到这些，不仅能够在乡里赢得尊重，去哪里都会游刃有余的。恭敬这件事，对自己有百益而无一害，世上的人也大都可以践行，但是凭借矫饰作为而表现出的恭敬，心里面其实还是轻慢简薄的，这就是能恭敬而不能诚实的现象。君子认为这是阿谀奸佞的行为，时间长了乡人也不会敬重他了。

15. 今人有为不善之事，幸其人之不见不闻，安然自肆，无所畏忌。殊不知人之耳目可掩，神之聪明不可掩。凡吾之处事，心以为可，心以为是，人虽不知，神已知之矣。……吾心即神，神即祸福，心不可欺，神亦不可欺。《诗》曰："神之格思，不可度思，矧可射思。"释者以谓"吾心以为神之至也"，尚不可得而窥测，况不信其神之在左右，而以厌射之心处之，则亦何所不至哉？

如今人们有时候做了不好的事，侥幸没有被人看到听到，就心安理得地放纵自己，没有什么害怕和忌惮。却不知道，这可以瞒过别人的耳目，却不能瞒过神明。大凡我所做的事，心里面认为这样可以，以为这样是对的，即便别人不知道，神明却已经知道了。……我的心就是神明所在，神明所在就是祸福所系。心是不能被欺骗的，神明也是不能被欺骗的。《诗经》说："神之格思，不可度思，矧可射思。"[1]解释这句诗的人认为，我的心就是神明到达的地方，尚且不能够揣测，何况那些不相信神明就在身边、以怠惰的态度来对待这件事的人。神明难道不是无所不在的吗？

16. 凡人行己，公平正直，可用此以事神，而不可恃此以慢神；可用此以事人，而不可恃此以傲人。虽孔子亦以敬鬼神、事大夫、畏大人为言，况下此者哉！彼有行己不当理者，中有所慊，动辄知畏，犹能避远灾祸，以保其身。至于君子而偶罹于灾祸者，多由自负以召致之耳。

人们立身行事做到公平正直，可以用这种态度来侍奉神

1 这句话出自《诗经·大雅·抑》，意思是：神明的来去是不可揣测的，不知道什么时候就会来到人身边，怎么能够感到厌倦呢？

明，但不可以自恃如此就轻慢神明；可以用这种态度来与他人相处，但不可以自恃如此就对他人表现出骄傲。即便是孔子这样的圣贤，也说“敬鬼神”“事大夫”“畏大人”[1]这样的话，何况不如孔子贤能的人呢？那些立身处世不能总是合理的人，只要心中常有不自满之意，能不时知道有所畏惧，仍能够远离灾祸，以保全自己。至于那些有修养的君子偶尔遭遇灾祸，则多半是因为过于自负而导致的。

17. 圣贤犹不能无过，况人非圣贤，安得每事尽善？人有过失，非其父兄，孰肯诲责；非其契爱，孰肯谏谕。泛然相识，不过背后窃议之耳。君子惟恐有过，密访人之有言，求谢而思改。小人闻人之有言，则好为强辩，至绝往来，或起争讼者有矣。

圣贤尚且不能没有过错，何况人非圣贤，哪里能每件事都做得尽善尽美。人有了过失，不是他的父亲兄长，哪里肯教导责备他？不是他的同志朋友，哪里肯劝谏告知他？泛泛相交的人，不过是在背后暗中议论一番罢了。君子只怕自己有过错，暗中查访别人的议论，以求认识到过错并且想办法

1 “敬鬼神”典出《论语·雍也》，原文是：樊迟问知，子曰：“务民之义，敬鬼神而远之，可谓知矣。”“事大夫”典出《论语·卫灵公篇》，原文是：子贡问为仁，子曰：“工欲善其事，必先利其器。居是邦也，事其大夫之贤者，友其士之仁者。”“畏大人”典出《论语·季氏》，原文是：孔子曰：“君子有三畏：畏天命，畏大人，畏圣人之言。小人不知天命而不畏也，狎大人，侮圣人之言。”

改正。小人听说别人的议论，总喜欢强行辩驳，甚至断绝往来，或者发生争讼的事情也是有的。

18. 人有出言至善，而或有议之者；人有举事至当，而或有非之者。盖众心难一，众口难齐如此。君子之出言举事，苟揆之吾心，稽之古训，询之贤者，于理无碍，则纷纷之言皆不足恤，亦不必辩。自古圣贤，当代宰辅，一时守令，皆不能免，况居乡曲，同为编氓，尤其无所畏，或轻议己，亦何怪焉？大抵指是为非，必妒忌之人，及素有仇怨者，此曹何足以定公论，正当勿恤勿辩也。

一个人说出的话极为合理，也有人议论纷纷；一个人做出的事极为恰当，也有人认为不对。因为众人的心思是如此的不一样，众人的言论是如此不一致。君子说话做事，如果扪心自问，参考古训，并且征求过贤能之士的意见，符合义理，那么众人不同的言论都不值得考虑，也不必辩解。自古以来的圣贤，当代主持国政的大臣，为官一任的地方官员，都免不了受人议论非难，何况在乡里闲居，大家都是老百姓，更加无所畏惧，更容易议论几句，又有什么奇怪的呢？那些颠倒是非的人，一定是心存嫉妒，以及一向有仇怨的人。这些人怎么能左右大家的公论呢？正应该不理会也不辩解。

19. 士大夫居家能思居官之时，则不至干请把持而挠时政；居官能思居家之时，则不至狠愎暴恣而贻人怨。不能回思者皆是也。故见任官每每称寄居官之可恶，寄居官亦多谈见任官之不韪。

士大夫在家闲住的时候要能够想着自己过去做官的时候，就不至于请托人情而影响当时的政务；做官的时候要能够想着将来自己在家闲住的时候，就不至于刚愎自用暴戾恣睢[1]招人怨恨。不能做到前后回想的人太多了，所以在任上的官员常常说在家闲住的官员十分可恶，而在家闲住的官员也经常说正在任上的官员的不是。

20. 世人有虑子弟血气未定，而酒色博弈之事，得以昏乱其心，寻至于失德破家，则拘之于家，严其出入，绝其交游，致其无所见闻，朴野蠢鄙，不近人情。殊不知此非良策。禁防一弛，情窦顿开，如火燎原，不可扑灭。况居之于家，无所用心，却密为不肖之事，与出外何异？不若时其出入，谨其交游，虽不肖之事习闻既熟，自能识破，必知愧而不为。纵试为之，亦不至于朴野蠢鄙，全为小人所摇荡也。

有人担心子弟年少时血气未定，酒色赌博之类的事会迷惑他们的本心，甚至丧失德行败坏家风，于是就把他们关在

1 出自《史记·伯夷列传》。

其书于立身处世之道，反覆详尽，所以砥砺末俗者，极为笃挚。虽家塾训蒙之书，意求通俗，词句不免于鄙浅，然大要明白切要，使览者易知易从，固不失为《颜氏家训》之亚也。

——四库全书总目提要对《世范》的评价

家里，严格控制不让他们出门，断绝他们和朋友的往来，导致他们缺少见识，修养不足而愚蠢鄙陋，不通人情世故，却不知道这并不是好办法。因为将来这种严格的控制一旦放松，子弟被禁锢的情绪一下子就会放开，像燎原之火一样扑也扑不灭了。何况把子弟关在家里，让他们无所事事，暗中却做些坏事，这和放他们出去胡闹有什么区别？不如给他们规定好出入的时间，让他们谨慎地交往朋友，即便是不好的事，也能经常看见听见，别人蛊惑他们的时候也就能够识破并加以引导，这样才能让其因为愧疚而不去做；纵然做了一两次，也不至于因为缺少见识、愚蠢鄙陋而一味地受小人的摆布控制。

21. 人有居贫闲时，不为乡人所顾，及其荣达，则视乡人如仇雠。殊不知乡人不厚于我，我以为憾；我不厚于乡人，乡人他日亦独不记耶？但于其平时薄我者，勿与之厚，亦不必致怨。若其平时不与吾相识，苟我可以济助之者，亦不可不为也。

人们在贫穷没事做的时候，没有得到乡人的照顾。等到他飞黄腾达了，就把乡人视作仇人。其实，乡人没有厚待我固然让人遗憾，但我现在不厚待乡人，他们日后难道会不记得吗？只需对那些过去对我格外刻薄的人不用太宽厚就够了，也不一定要生出怨恨。如果是那些过去并不和我相识的人，若有能帮得上忙的地方，则应尽力帮忙。

《谕应尾应箕两儿》

杨继盛

作者小传

杨继盛（1516—1555），字仲芳，号椒山，直隶容城人。嘉靖二十六年（1447 年）进士，官至兵部武选司员外郎。明代著名谏臣。嘉靖三十二年（1553 年）上《请诛贼臣疏》弹劾权臣严嵩。在这篇奏疏中，杨继盛指出：“贼不专于外患，凡有害于社稷人民者，均谓之贼。”他列举了严嵩的十种罪状：坏祖宗之成法、窃皇上之大权、掩皇上之治功、纵奸子之僭窃、冒朝廷之军功、引悖逆之奸臣、误国家之军机、专黜陟之大柄、失天下之人心、坏天下之风俗。并且进一步指出，严嵩之所以犯下这些罪过，是因为他蒙蔽圣听、阻塞言路。这篇奏疏虽然以维护皇权为立论的基础，但也具有一定的爱惜民力、秉公处事的进步性，反映了杨继盛在当时权臣当道、朝政黑暗的条件下，追求清明和公正的理想。杨继盛上疏之时，严嵩一党的炽焰正盛，他随后遭诬陷下狱，受尽酷刑后被斩于市。明穆宗即位后，追赠太常少卿，谥“忠愍”。

编者按

《谕应尾应箕两儿》是杨继盛在狱中所著遗嘱，是他在慨然赴死之际对两个儿子的谆谆告诫。全文不足3 000字，却涵盖了一个人成长成才过程中的方方面面。不仅包括立志、养心、读书、尽孝等立身处事的大方面，而且还包括兄弟邻里的相处之道、科举文章的学习途径，乃至家中杂役的安置办法等。杨继盛强调立志的重要性，认为一个人只有立定志向，才能有所成就。他认为，心术是一个人事业成就的根本，保持向善之心，时刻自我约束，才能成为君子。他还指出，与人相处要谦虚有礼、宽容大度，见贤思齐，见不贤也不能轻忽鄙视，这样才能与人无怨。文章以第二人称对两个儿子进行告诫，叮咛事无巨细，展现了这位铁骨铮铮的诤臣在临难之际流露出的舐犊之情。正如杨继盛自己所言："仓促之间，灯下写此，殊欠伦序。然居家做人之道，尽在是矣。"

收录时略去其中涉及具体事务的交代，选取较有普遍性的段落进行翻译。选译所依据的，是华侨出版社2015年出版的《训俗遗规》（清·陈宏谋）中的《杨淑山遗嘱》。

01. 人须要立志。初时立志为君子，后来多有变为小人的。若初时不先立下一个定志，则中无定向，便无所不为。便为天下之小人，众人皆贱恶你。你发愤立志，要做个君子，则不拘做官不做官，人人都敬重你。故我要你，第一先立起志气来。

人一定要立定志向。开始的时候立志要做君子的人，后来也有很多变成小人的。如果开始的时候不先立下一个确定的志向，心里头就没有确定的方向，就会失了约束无所不做。这样就会成为天下的小人，大家都会鄙夷你、厌恶你。你要是发愤立志，成为一个真正的君子，那就不论是做官还是不做官，人人都会尊敬爱重你。所以我要求你首先要树立起志气来。

02. 心为人一身之主，如树之根，如果之蒂，最不可先坏了心。心里若存天理，存公道，行出来，便都是好事，便是君子这边的人。心里若存的是人欲，是私意，虽欲行好事，也有始无终。虽欲外面做好人，也被人看破。如根衰则树枯，蒂坏则果落。故要你休把心坏了。

心术是一个人的核心，就像树的根系、像果实的蒂一样，所以人最不可以先坏了心术。一个人心中如果存着天理，存浩气还太虚，丹心照千古。
生平未报国，留作忠魂补。

——杨继盛《就义诗》

着公道，他做出来的就都是好事，他就是属于君子一类的人。如果心中存着的是人欲，是私念，那就算是想做好事，也会有始无终；就算是想在表面上做个好人，也会被人看穿。这就好比根如果衰弱了树就会枯萎，蒂坏了果实就会脱落。所以我要求你不要坏了心术。

03. 心以思为职。或独坐时，或深夜时，念头一起，则自思曰：这是好念，是恶念。若是好念，便扩充起来，必见之行。若是恶念，便禁止勿思。方行一事，则思之，以为此事合天理，不合天理。若是合天理，便行。若是不合天理，便止而勿行。不可为分毫违心害理之事，则上天必保护你，鬼神必加佑你。否则，天地鬼神，必不容你。你读书若中举中进士，思我之苦，不做官也是。若是做官，必须正直忠厚，赤心随分报国。固不可效我之狂愚，亦不可因我为忠受祸，遂改心易行，懈了为善之志，惹人父贤子不肖之诮。

心是用来思考的。在一个人坐着的时候，或者夜深人静的时候，心中一有念头，就得自己想想看：这是好的念头，还是坏的念头。如果是好的念头，就要使它扩大充实起来，在行动中体现出来。如果是不好的念头，就要禁止，不要再去想它。每当做一件事的时候，就要想想，这件事是合乎天理的，还是不合乎天理的。如果合乎天理，就去做。如果不合乎天理，就停下来不做。不可以做一分一毫的违背本心和天理的事，那么上天就一定会保护你，鬼神就一定会护佑你。否则，天地鬼神都一定容不下你。你读书考试如果中了举人、中了进士，想想我所经历的苦处，不做官也好；如果要做官，就一定要正直忠厚，忠心报国、恪尽职守。虽然不能效仿我的狂妄和愚顽，也不可以因为我由于忠心而遭受灾祸，就改变忠诚的心意和正直的行为，让为善的志向松懈下来，招来别人说父亲虽然贤良但儿子不成器的讽刺。

04. 你两个是同胞兄弟，当和好到老。不可各积私财，致起争端。不可因言语差错，小事差池，便面红耳赤。应箕性暴些，应尾自幼晓得他性儿的。看我面皮，若有些冲撞，担待他罢。应箕敬你哥哥，要十分小心，合敬我一般的才是。若你哥计较你些儿，你便自家跪拜，与他陪礼。他若十分恼不解，你便央及你哥相好的朋友劝他。不可因他恼了，你就不让他。

你们两个是一母同胞的兄弟，应该和睦相处一直到老。不可以各自积累自己的钱财，导致发生争执。不可以因为言语和小事情上的一点差错，就当面争执，面红耳赤。应箕的脾气有些急暴，应尾从小就知道他的性情的。看在我的面子上，若他和你有些冲撞，你就多担待他一些吧。应箕敬重你的哥哥，要非常小心谨慎，像敬重我一样才好。如果你哥哥和你计较什么事，你就自己跪下拜他，向他赔礼，求他原谅你。他如果十分生气不能宽解，你就去求他要好的朋友来相劝。不可以因为他生气，你就也和他对着干。

05. 你两个年幼，恐油滑人见了，便要哄诱你。或请你吃饭，或诱你赌博，或以心爱之物送你，或以美色诱你。一入他圈套，便吃他亏。不惟荡尽家业，且弄你成不得人。若是有这样人哄你，便想我的话来识破他。合你好，是不好的意思，便远了他。拣着老成忠厚，肯读书、肯学好的人，你就与他肝胆相交，语言必信，逐日与他相处。你自然成个好人，不入下流也。

你们两个年纪尚轻，恐怕油滑的人见了，就要来哄骗诱惑你们。他们可能会请你们吃饭，可能会诱惑你们去赌博，可能将心爱的东西送给你们，也可能用美色来诱惑你们。你们一旦掉进人家的圈套里，就会吃人家的亏。这样不仅会把家业败光，而且还会使你无法成为一个好人。如果有这样的人来哄骗你们，你们就想想我的话来识破。有人来投你所好，就是怀了不好的心思，你们要尽早远离。选择那些为人老实、成熟、忠厚，肯努力读书上进的人，好好结交、肝胆相照，一定要相信他们的言语，整日与他们相处。这样一来，你们自然也会成为好人，而不会堕入下流的人群里面去。

06. 读书见一件好事，则便思量，我将来必定要行。见一件不好的事，则便思量，我将来必定要戒。见一个好人，则敬他，我将来必要合他一般。见一个不好的人，则思量，我将来切休要学他。则心地自然光明正大，行事自然不会苟且，便为天下第一等人矣。

读书的时候看到一件好的事情，就要想想，我将来一定要照这样做；看见一件不好的事情，就要想想，我将来一定不能这样做。平时见到一个好人，就要尊敬他，想着我将来一定要像他那样；见到一个不好的人，也要想想，我将来一定不要学他。这样一来，心地自然就会光明正大，做事自然就不会苟且，也就会成为天下第一等的人了。

07. 衣服要朴素，房屋休高大，饮食使用要俭约。休要见人家穿好衣服，便要做。住好房屋，便要盖。使好家伙，便要买。此致穷之道也。若用度少有不足，便算计可费多少，即卖田产补完。切记不可揭债。若揭债，则日日行利，累的债深，穷的便快，戒之戒之。田地四顷有余，够你两个种了。不可贪心，见好田土又买。盖地多，则门必高，粮差必多。恐至负累，受官衙之气也。

穿衣服要朴素一些，住的房屋也不要追求高大堂皇，饮食和用度都要简单节约。不要看人家穿好衣服，就要跟着做；住好房子，就要跟着盖；用好东西，就要跟着买。这是导致贫穷的途径。如果家中用度稍有欠缺，就算算需要多少，卖掉一些田产来补全。千万要记着不能借债。如果借了债，每天都会有利息，最后债越欠越多，很快就会陷入穷困，一定要引以为戒。我们家的田产有四顷[1]多，够你们两个耕种了。不可以有贪多之心，看到有好的田产就又去买。因为田产多了，门第也就高了，赋税也会增加。到时候反而成为负累，受官府衙门的欺侮。

08. 与人相处之道，第一要谦下诚实。同干事，则勿避劳苦。同饮食，则勿贪甘美。同行走，则勿择好路。同睡寝，则勿占床席。宁让人，勿使人让我。宁容人，勿使人容我。宁吃人亏，勿使人吃我亏。宁受人气，勿使人受我气。人有恩于我，则终身不忘。人有怨于我，则即时丢过。见人之善，则对人称扬不已。闻人之过，则绝口不对人言。人有向你说，某人感你之恩，则云，他有恩于我，我无恩于他。则感恩者闻之，其感益深。有人向你说，某人恼你谤你，则云，他与我平日最相好，岂有恼我谤我之理。则恼我谤我者闻之，其怨即解。人之胜似你，则敬重之，不可有傲忌之心。人之不如你，则谦待之，不可有轻贱之意。又与人相交，久而益密，则行之邦家，可无怨矣。

与他人相处的道理，头一条就是要谦恭礼让、以诚相待。同他人一起做事，就不要逃避辛苦的工作；同他人一起吃饭，

---

1 顷，中国市制田地面积单位，1 顷 =100 亩 ≈66666.66 平方米。

就不要争抢美味的食物；同他人一起走路，就不要紧着自己走平坦的道路；同他人一起睡觉，就不要独占床铺。宁可让着他人，也不要让他人让着自己。宁可宽容他人，也不要让他人宽容自己。宁可在他人那里吃点亏，也不要让他人吃自己的亏。宁可在他人那里受点气，也不要让他人受自己的气。他人对自己有恩惠，一辈子不要忘记。他人对自己有可怨愤之事，过去就应该忘掉。见到他人的好处，就应该对大家称赞颂扬。见到他人的过错，就要闭口不对他人去讲。有人告诉你，有人感激你的恩惠，你就说，是那个人对我有恩惠，而不是我对他有恩惠。这样感激你的人听说了，会更加感激。有人告诉你，有人生你的气，说你的坏话，你就说，他和我一向交好，怎么会生我的气说我的坏话。这样生你气说你坏话的人听说了，就会消解心中的怨愤。他人的才干胜过你，你就要敬重他，不可有傲慢嫉妒之心。他人的才干不如你，你就要谦虚以待，不可有轻视他的意思。另外，如果在与人交往的过程中能够做到时间越长越发亲密，那么推此广之，于国于家也就能做到与人无怨了。

寥落白云司半虚，看君此去更何如？
西曹月满幽人榻，南国星随使者车。
塞雁不堪行断候，秋风况是叶飞初。
秣陵故旧如相问，为道疏狂病未除。

——杨继盛《送徐子与之谳狱江南》

李应升《诫子书》

作者小传

李应升（1593—1626），字仲达，号次见，南直隶江阴人。明万历四十四年（1616年）进士及第，授南康推官，以清廉著称，时民谚称其“清和无比”。天启四年（1624年）正月，李应升上疏，力陈外藩、内盗及小人三种问题，讦切近习，受到魏忠贤的嫉恨。东林党人杨涟弹劾魏忠贤，李应升上疏声援，称：“从来阉人之祸，其始莫不有小忠小信以固结主心，根株既深，毒手乃肆。今陛下明知其罪，曲赐包容。彼缓则图自全之计，急则作走险之谋。萧墙之间，能无隐祸？”第二年罢官归里，第三年被东厂逮捕，严刑拷打致死，年仅34岁。李应升生活在明朝末年宦官专权、政治黑暗的时代，却不失赤子之心。崇祯年间，追赠太仆卿。南明福王追谥“忠毅”。

编者按

李应升《诫子书》与杨继盛《谕应尾应箕两儿》同为狱中所作，而“杨公之言详且尽，李公之言简而赅”。《诫子书》篇幅短小，仅就家中形势和儿子的具体情况简单交代了六件事，交代儿子俭省、谦恭、孝顺、公正、恩义和传承文章道统，从中可见明代士大夫的精神追求。他自言：“汝长成之日，佩为韦弦，即吾不死之年也。”将这封短短的绝笔信视作自己生命和精神传承的自信跃然纸上。

本书选译所依据的，是中国华侨出版社2015年出版的《训俗遗规》（清·陈宏谋）中的《李忠毅公〈诫子书〉》。

01. 汝生长官舍，祖父母拱璧视汝。内外亲戚，以贵公子待汝。衣鲜食甘，嗔喜任意。娇养既惯，不肯服布旧之衣，不肯食粗粝之食。若长而弗改，必至穷饿。此宜俭以惜福，一也。

你出生和成长都在官宦人家，祖父母把你当作宝贝。内外亲戚都把你当作贵公子一样对待。穿鲜亮的衣服，吃精美的饭菜，高兴不高兴都任意而为。这使你娇生惯养成了习惯，不肯穿旧的不好的衣服，不肯吃简单粗糙的食物。如果长大还不肯改掉这些习惯，一定会落到贫穷饥饿的地步。要以俭省来珍惜福泽，是我对你说的第一件事。

02. 汝少所习见，游宦赫弈。未见吾童生秀才时，低眉下人，及祖父母艰难支持之日也。又未见吾囚服被逮，及狱中幽囚痛苦之状也。汝不尝胆以思，岂复有心人者哉。人不可上，物不可凌。此宜谦以守身，二也。

你从小所习惯看见的，都是官员的显赫气象。没有见过我没有进士及第的时候对人谦恭的样子，以及你祖父母艰难支撑家业的状况。也没有见过我被逮捕穿着囚犯衣服，以及关在幽暗的牢房里忍受痛苦的样子。如果你还不能卧薪尝胆寂历幽岩上，山僧一草庵。
片云栖冷衲，双剑影空潭。
风雨孤灯夜，人天短尘谈。
蛰雷惊啸虎，枯梦不成酣。

——李应升《宿黄石岩》

地思考这些事情，怎么能算是个有心人呢？对人不可以傲慢，对东西不可以糟蹋。要用谦恭来保持操守，是我要对你说的第二件事。

03. 祖父母爱汝，汝狎而忘敬。汝母训汝，汝傲而弗亲。今吾不测，汝代吾为子，可不仰体祖父母之心乎。至于汝母，更倚何人。汝若不孝，神明殛之矣。此宜孝以事亲，三也。

你的祖父母疼爱你，你却在他们面前常常随便地忘了恭敬。你母亲教训你，你态度傲慢不予听取。如今我遭遇了不测，你替我在祖父母跟前尽孝，怎能不仔细体察祖父母的心意？至于你母亲，除了你她还能靠谁呢？你如果不孝顺，神明会惩罚你的。要用孝顺来侍奉亲长，是我要对你说的第三件事。

04. 吾居官爱名节，未尝贪取肥家。今家中所存基业，皆祖父母勤苦积累。且此番销费大半。吾向有誓愿，兄弟三分，必不多取一亩一粒。汝视伯父如父，视寡婶如母。即有祖父母之命，毫不可多取，以负我志。此宜公以承家，四也。

我做官的时候爱惜名声和节操，没有贪图财物来扩大家业。现在家里所有的财产，都是你祖父母勤劳辛苦积累起来的。而且这次因为我的牢狱之灾花费了其中一大半。我一向有誓愿，将来兄弟三人平分家产，一定不多要一亩地、一粒米。你应该把伯父当作父亲、把寡婶当作母亲来侍奉。即便祖父母让你多分一点，也一定不能多要，不可辜负我的本意。要以公正来传承家业，是我要对你说的第四件事。

05. 汝既鲜兄弟，止一庶妹，当待以同胞。倘嫁于中等贫家，须与妆田百亩。至庶妹之母，奉事吾有年，当足其衣食，拨与赡田，收租以给之。内外出入，谨其防闲。此恩义所关，五也。

你没有兄弟，只有一个庶出的妹妹，要把她当作同胞妹妹对待。如果将来她嫁给中等贫寒的人家，要给她一百亩地作为嫁妆。至于你妹妹的母亲，侍奉了我许多年，应该让她衣食无忧，划拨一些赡养的土地给她，收取的租子供应她的用度。内外出入要谨慎，防范不光彩的事情发生。这是事关恩义的大事，是我要对你说的第五件事。

06. 汝资性不钝，吾失于教训，读书已迟。汝念吾辛苦，励志勤学。倘有上进之日，即先归养。若上进无望，须做一读书秀才。将吾所存诸稿简籍，好好诠次。此文章一脉，六也。

你的禀赋并不愚笨，可惜我对你教导不够，读书已经有些晚了。但你念着我一生的辛劳艰苦，也要立志勤奋读书。

芙蓉三十六峰齐，骀荡春光夜不迷。
剑气平临南斗外，潮声回却大江西。
树成璎珞风霜古，山吐炉烟日月低。
在昔图经称佐命，销沉何处问金泥。

——李应升《庐山游》

如果将来进士及第，应该先回家奉养父母再出来做官。如果中进士无望，起码也要考上秀才。你要好好地把我留下的手稿和书籍编辑整理一下。这是传承文章和道统的关键，是我要对你说的第六件事。

朱用纯《治家格言》《劝言》

作者小传

朱用纯（1627—1698），字致一，号柏庐，江苏昆山人。明末清初理学家、思想家和教育家。入清后隐居教读，潜心治学，康熙年间坚辞博学宏词之荐，终身未仕。

朱用纯未曾为官，但他浸淫了儒家传统教育，所坚持和秉承的思想价值与在官者无异。朱用纯从教多年，注重道德胜于文章，所传的教育格言于今天的人们仍有教益。

编者按

《治家格言》又称《朱柏庐先生治家格言》《朱子治家格言》或《朱子家训》，是朱柏庐最著名的作品。全书仅500余字，采取对仗的形式，朗朗上口，易于记诵，且内容浅显，与日常生活极为切近，成为与《三字经》《千字文》等并列的蒙学读物。《治家格言》对人们在日常生活中应遵守的规范提出了具体要求：要养成良好的生活习惯；要勤俭节约，珍惜物力；要善择友而交，不与不善之类相交；要与道德水平高的人结亲，不贪图富贵；要读书明理，修身养性；要遵纪守法，待人宽厚；如此等等，对于我们今天立身处世仍有指导价值。同时，《治家格言》中部分内容也表现出一定的偏见和局限性。本书选译所依据的，是岳麓书社2011年出版的《朱子家训》。以下1-10条是选自《治家格言》的内容。

《劝言》分为孝悌、勤俭、读书、积德四篇，篇幅稍大于《治家格言》，是朱柏庐对治家、修身、处世之道做出的更加具体的阐发，可以视为《治家格言》的补充。朱柏庐认为，孝悌是人的本性，只要遵从内心对父兄的敬爱，在实践中身体力行即可；勤俭是人立身的根本，只有首先做到勤俭，才能进一步做到孝悌，做到礼义；读书应以修养人格为主，讲究词章追求功名为辅，不能本末倒置；行善积德应出于人本来就拥有的恻隐之心，而不是为了追求富贵的回报。《劝言》篇幅短小，无单行本。本书选译所依据的，是线装书局2016年出版的《五种遗规》（清·陈宏谋）中的内容。以下11—15条是选自《劝言》的内容。

01. 一粥一饭，当思来处不易；半丝半缕，恒念物力维艰。

喝一碗粥、吃一碗饭，都应该想到这是来之不易的粮食；使用一点丝线或麻线，都应该想到物资和财力是艰辛得来的。

02. 自奉必须俭约，宴客切勿流连。器具质而洁，瓦缶胜金玉；饮食约而精，园蔬逾珍馐。

自己日常的用度，一定要俭省节约，宴请宾客也一定不要作乐无度忘乎所以。日常所有的器具要朴素而干净，瓦做的酒器胜过金玉的酒器；吃的东西要简单而精致，园子里种的蔬菜胜过珍贵稀奇的食材。

03. 勿贪意外之财，勿饮过量之酒。与肩挑贸易毋占便宜，见贫苦亲邻须多温恤。

不要贪得意料之外的财物，饮酒不要过量。和肩挑小贩买卖不要占便宜，看到贫穷受苦的亲戚邻居要多加照顾。

04. 刻薄成家，理无久享；伦常乖舛，立见消亡。兄弟叔侄，须分多润寡；长幼内外，宜法肃辞严。听妇言乖骨肉，岂是丈夫；重资财薄父母，不成人子。

凭着刻薄的手段发家的，没有长久安享的道理；违背了人伦道德，很快就会走向消亡。兄弟叔侄之间要互相帮助，富有的要资助贫穷的；长幼有序、内外有别，要有严格的规矩，言语有度。听信妇人的挑拨而伤了骨肉之情，不是大丈夫所为；看重钱财而薄待父母，不是儿子应有的行为。

05. 嫁女择佳婿，毋索重聘；娶媳求淑女，勿计厚奁。见富贵而生谄容者最可耻，遇贫穷而作骄态者贱莫甚。

嫁女儿要选择品行端正的女婿，不要索取贵重的聘礼；娶媳妇要选择容貌与品德俱佳的女子，不要计较嫁妆多少。见到富贵的人就谄媚以对的人是最可耻的，遇到贫穷的人就骄矜自恃的人是最卑贱的。

06. 毋恃势力而凌逼孤寡，勿贪口腹而恣杀生禽。乖僻自是，悔误必多；颓惰自甘，家业难成。

不要倚仗势力去欺凌逼迫孤儿寡母，不要为了满足口腹之欲而毫无顾忌地宰杀畜类和禽类。性情乖僻、自以为是的人，后悔和失误之事一定很多；颓废懒惰不思改正的人，难以成家立业。

07. 狎昵恶少，久必受其累；屈志老成，急则可相依。轻听发言，安知非人之谮诉，当忍耐三思；因事相争，安知非我之不是，须平心暗想。

亲近不良少年，时间长了一定会受到连累；曲意顺从老成持重的人，危急时刻能够依靠他们。轻率地听取别人告发的言论，怎么知道不是别人妄言诬陷，应该耐着性子三思而定；因为什么事情和别人起了争执，怎么知道不是因为我的错误造成的，要平心静气地暗暗反思。

08. 施惠毋念，受恩莫忘。凡事当留馀地，得意不宜再往。

给了别人好处不要总念着，受了别人的恩惠不要忘记。做任何事情都不能走极端，切忌做过头，使自己处于被动无路可退。有了得意事，要见好就收，不能得寸进尺，以免遇到麻烦。

09. 人有喜庆不可生妒忌心，人有祸患不可生喜幸心。善欲人见，不是真善；恶恐人知，便是大恶。见色而起淫心，报在妻女；匿怨而用暗箭，祸延子孙。

别人有喜庆的事，不可以心怀妒忌；别人遭遇祸患，不可以幸灾乐祸。做好事想要别人看见，不是真的好；做坏事怕别人知道，就是很大的恶行。见漂亮的姑娘而产生非分之想，会使自己的妻子女儿受到报应；对别人怀恨而用暗箭伤人，会把祸患留给子孙。

10. 家门和顺，虽饔飧不继亦有馀欢；国课早完，即囊橐无馀自得至乐。读书志在圣贤，为官心存君国。

家庭和睦，即使吃了早饭没有晚饭，也自有乐趣；早早交齐国家的课税，即使口袋里没有余钱，内心也感到无比的快乐。读书要立志成为圣贤之人，做官心中要想着君王国是。

11. 勤与俭，治生之道也。不勤，则寡入。不俭，则妄费。寡入而妄费，则财匮。财匮，则苟取。愚者为寡廉鲜耻之事，黠者入行险侥幸之途。生平行止，于此而丧，祖宗家声，于此而坠，生理绝矣。又况一家之中，有妻有子，不能以勤俭表率，而使相趋于贪惰，则自绝其生理，而又绝妻子之生理矣。

勤劳和俭朴，是经营家业的正确方法。不勤劳，收入就会减少。不俭朴，就会有许多不必要的花销。收入减少而花销过多，财物就会匮乏。财物一旦匮乏，就容易用一些不正当的手段去获取。愚笨的人会去做一些寡廉鲜耻的事以获取钱财，有小聪明的人则会走上冒险贪财的路。一个人一辈子的行为修养也就因此而丧失了，历代祖先积累起来的良好声望就从此堕落了，家业传承也不可能了。更何况一个家庭中，有妻子有儿女，做家长的如果不能为他们做出勤劳和俭朴的表率，反而使一家人相互攀比而变得贪婪懒惰，就不仅断绝了自己的生路，也断绝了妻子和儿女的生路了。

12. 勤之为道，第一要深思远计。事宜早为，物宜早办者，必须预先经理。若待临时，仓忙失措，鲜不耗费。第二要晏眠早起。侵晨而起，夜分而卧，则一日而复得半日之功。若早眠晏起，则一日仅得半日之功。无论天道必酬勤而罚惰，即人事赢诎，亦已悬殊。第三要耐烦吃苦。若不耐烦吃苦，一处不周密，一处便有损失耗坏。事须亲自为者，必亲自为之，须一日为者，必一日为之。人皆以身习劳苦为自戕其生，而不知是乃所以求生也。

要做到勤劳，首先要有深谋远虑。应该早处理的事务，应该早置办的东西，一定要提前就想着处置。如果事到临头才去处置，一定会仓皇着急以至于手足无措，总是要花费更多时间精力和钱财。其次要晚点睡早点起。早上天一亮就起床，晚上到半夜再睡觉，这样一天就好像多出了半天。如果睡得早起得晚，一天就只剩半天了。且不说奖励勤劳惩罚懒惰原本就是自然之理，就是在具体事情上的得失差距，也已经很明显了。最后要能够耐得住烦难受得了辛苦。如果耐不住烦难受不了辛苦，在一个地方没有做到周全谨慎，就会在一个地方上有损失浪费。事情需要亲自去做的，就一定要亲自去做；需要在一天中做完的，就一定要在一天中做完。人们都以为亲自去做劳苦的事是对自己的毁坏，却不知道这正是成就自己的方法。

13. 俭之为道，第一要平心忍气。一朝之忿，不自度量，与人口角斗力，构讼经官，事过之后，不惟破家，或且辱身。第二要量力举事。土木之功，婚嫁之事，宾客酒席之费，切不可好高求胜。一时兴会，所费不支，后来补苴，或行称贷，偿则无力，逋则丧德。第三要节衣缩食。绮罗之美，不过供人之叹羡而已，若暖其躯体，布素与绮罗何异？肥甘之美，不过口舌间片刻之适而已。若自喉而下，藜藿肥甘何异？人皆以薄于自奉为不爱其生，而不知是乃所以养生也。

要做到俭朴，首先要保持心态平和，能忍受气恼。因为一时间的不忿，不仔细思量，就与别人发生口角甚至动手，闹到官府那里去，事情过去之后，不仅会败坏家庭的声誉，而且可能使自己受辱。其次要根据自己的能力大小来办事。家里兴建房屋，操办婚丧嫁娶等仪式，宴请宾客安排酒席的花费，千万不能过分追求奢华。因为一时的兴致而花费过度，后来再去补亏空，或者去借贷，还又还不起，拖欠又会有损德行。最后要在衣服和食物上节俭。绮罗绸缎的华美，不过是让别人赞叹羡慕罢了，如果说保暖的功效，没有花纹的布衣和绸缎绮罗有什么区别呢？肥美的食物，不过是在口舌之间一时的满足罢了。如果说充饥，粗茶淡饭和肥美的食物有什么区别呢？人们都以为在自己的用度上俭朴简薄是不爱惜自己，却不知道这正是爱惜自己的养生之道啊！

14. 积德之事，人皆谓惟富贵，然后其力可为。抑知富贵者，积德之报，必待富贵而后积德，则富贵何日可得？积德之事，何日可为？惟于不富不贵之时，能力行善，此其事为尤难，其功为尤倍也。盖德亦是天性中所备，无事外求，积德亦随在可为，不必有待。

积德这件事，人们都以为要等到富贵之后，才有能力来做。富贵是积德换来的回报，如果一定要等到富贵之后再积德，那么什么时候才能得到富贵呢？积德这件事，什么时候就可以做了呢？只有在并不富贵的时候，能够身体力行地做好事。这件事格外困难，所以功效也格外大。德性大概是人天性中所具备的，不必向外在去索求；积德这件事也是随时随地都可以做的，不必等什么条件。

15. 与凡穷厄之人，朋友有通财之义，固不必言。其穷厄之人，虽与我素无往来，要知本吾一体，生则赈给，死则埋骨，惟力是视，以全我恻隐之心。

对于那些陷入贫穷困顿中的人，朋友之间应该互通财物，少时见秦少游、周美成诸家诗余，心窃病之，以为此咿咿儿女语也，非壮夫所为。及读欧阳子之书，观其文章行业，政大柄□，庶几孔子所谓文质彬彬之君子。而于诗余则丰美柔艳，又不亚于秦、周诸家，然后知词人之语不足以累人，而亦君子之所有托焉者也。余又早婴多难，坎壈𥁕结，无如何，率尽托诗余以发之。日常得一阕，及后年益尽进，所读之书日益广，则又见吾之耿耿不忘于心者。亦行吾所当然者耳，其必有托而见焉，良可已也，何况诗之余，抑君子之所期学乎？古人者曾止是哉？

——朱用纯《叶九来诗余序》

这本来不必说。即便是那些与我不认识的人遇到贫穷困厄，也应该知道他们和我原本都是一样的人，如果还活着就给他们些帮助，如果已经死了就替他们收埋后事，全看自己的能力大小来做，以此来成全我的恻隐之心。

《庭训格言》

爱新觉罗·玄烨

作者小传

爱新觉罗·玄烨（1654—1722），清世宗福临第三子，清朝第四位皇帝，年号康熙，庙号圣祖，世称康熙皇帝。康熙皇帝8岁即位，在位61年，是中国历史上在位时间最长的帝王。他少年时代即通过剪除权臣鳌拜巩固了自己的权力，先后平定了三番之乱，收复郑氏割据的台湾，消除了葛尔丹在北方地区的威胁，与沙皇俄国签订《尼布楚条约》等，为巩固国家版图做出了不可磨灭的贡献。同时，他还采取了一系列鼓励农桑、发展经济的措施，治理黄河、疏浚漕运，使得中国社会从明末农民战争的破坏中逐渐复苏。康熙皇帝重视皇子教育，对皇子们一视同仁地严格要求，因此他的皇子们成才率很高，虽然因立储问题上的失误引发了诸皇子之间为争夺大位而进行旷日持久的争斗，对朝廷造成了一定程度的内耗，但同时也在一定程度上反映出康熙在皇子教育上取得的成功。

编者按

《庭训格言》是康熙对儿子们的教诫之语。康熙逝世后，在他的继位者雍正主持下，由他的儿子们回忆整理而成。庭训，是指父亲对儿子的教诲，典故出自孔子和他的儿子。格言，是指具有教育意义作为行为准则的语句。《庭训格言》共收录康熙皇帝教导儿子们的语录240余则，均以“训曰”开头（意为“圣祖教训说”，本书在选译中将其略去）。内容涵盖了康熙皇帝在读书、修身、用人、理政、侍亲、养生等方面的心得。他强调读书的重要性，认为只有读书可以“由一日之近，可以尽千古之远”，“能令古人今人隔千百年觌面共语；能使天下士隔千万里携手谈心”，使人明白道理，增进智慧。他主张修身养德应该从细微处注意，一念为善，一念为恶，一定要注意防微杜渐。他还指出，上位者在处理政务、任用人才的时候，要注意集思广益、用人不疑，要勇于承担责任，不可以将过失推卸给其他人。在侍奉长辈方面，他认为应以人伦常理处之，而不能拘泥于礼法和形式。除此之外，他还在衣食养生方面对儿子们细细叮咛，强调食用瓜果务必要洁净，在外围猎行军等要注意饮水卫生，如此等等，体现了帝王生活化的一面。

本书选译所依据的，是中州古籍出版社2010年出版的《庭训格言》。

01. 凡天下事不可轻忽，虽至微、至易者，皆当以慎重处之。慎重者，敬也。当无事时，敬以自持；而有事时，即敬以应事，务必谨终如始。慎修思永，习以安焉，自无废事。盖敬以存心，则心体湛然。居中，即如主人在家，自能整饬家务，此古人所谓“敬以直内”也。《礼记》篇首以“毋不敬”冠之，圣人一言，至理备焉。

天下所有的事务，都不能轻忽以待，即便是最微小、最容易的事，也应该以谨慎重视的态度对待。谨慎重视，就是所谓的敬，敬即谨慎。在没事的时候，以谨慎的态度自我要求；在有事的时候，以谨慎的态度来应对事务，并且一定要做到有始有终。要谨慎地修养身心，并且有深远的思虑，如此养成习惯就会内心安定，自然不会荒败事务。内心始终保持谨慎，心理和身体就都能保持清明。把“敬”放在心中，就像主人在家里一样，自然能够整理好家务，这就是古人所说的“敬”能够使一个人的内心变得正直的本义。所以《礼记》以“毋不敬”开头，圣人的一句话，就说尽了最大的道理。

02. 为人上者，用人虽宜信，然亦不可遽信。在下者，常视上意所向而巧以投之，一有偏好，则下必投其所好以诱之。朕于诸艺无所不能，尔等曾见我偏好一艺乎？是故凡艺俱不能溺我。

身居统治地位的人，任用人才虽然应该信任，但也不能全然听信于他们。身处低位的人，常常根据上面人的心意偏向而取巧迎合，上面的人一旦有了偏好，则下面的人一定会投其所好以引诱。我对于各项技艺都会一些，但是你们可曾见我特别偏爱某一项技艺吗？因此，所有的技艺都不能使我沉溺。

03. 子曰："鬼神之为德，其盛矣乎！使天下之人，齐明盛服，以承祭祀，洋洋乎如在其上，如在其左右。"盖明有礼乐，幽则有鬼神。然敬鬼神之心，非为祸福之故，乃所以全吾身之正气也。是故君子修德之功，莫大于主敬。内主于敬，则非僻之心无自而动；外主于敬，则惰慢之气无自而生。念念敬斯念念正，时时敬斯时时正，事事敬斯事事正，君子无在而不敬，故无在而不正。《诗》曰："明明在下，赫赫在上。""维此文王，小心翼翼。昭事上帝，聿怀多福。"其斯之谓与？

孔子说："鬼神的德行，真是非常盛大啊！它使天下的人都斋戒静心，穿上盛装，举行祭祀，心中想着鬼神就好像在自己头顶，就好像在自己左右。"大概人间有礼乐，阴间则有鬼神。然而对鬼神保持谨慎敬畏之心，并不是为了自己的祸福，而是为了保全我一身的正气啊。因此，君子修养德行的功夫，莫过于谨慎。内心谨慎，那么邪僻的念头就无从产生；外在谨慎，那么怠惰傲慢的情绪就无从产生。每一个念头都谨慎，则每一个念头都在正道；每一个时刻都谨慎，则每一个时刻都在正道；每一件事情都谨慎，则每一件事情都在正道；君子无处不谨慎，则无处不在正道。《诗经》说："明明在下，赫赫在上。"意思是，"清明的德行广布天下，赫赫神灵显于上天"。"维此文王，小心翼翼。昭事上帝，聿怀多福。"意思是，"这就是文王，他知道小心翼翼地侍奉上天神明，因此获得很多福祉"。说的不就是这个道理吗？

04. 凡人孰能无过？但人有过，多不自任为过。朕则不然。于闲言中偶有遗忘而误怪他人者，必自任其过，而曰"此朕之误也"。惟其如此，使令人等竟至为所感动人自觉不安者有之。大凡能自任过者，大人居多也。

人哪能没有过错呢？只是人有了过错，往往不愿主动正视过失并承担责任。我就不这样。如果在平时闲话时偶尔因为遗忘而错怪了其他人，我一定会承担这个过错，并说"这是朕的错误啊"。正因为这样，有时竟至于使人大为感动并且觉得不安起来。大凡能主动正视并承担过失的人，多数是德行修养高尚的人。

05. 曩者三逆未叛之先，朕与议政诸王大臣议迁藩之事，内中有言当迁者，有言不可迁者。然在当日之势，迁之亦叛，即不迁亦叛，遂定迁藩之议。三逆既叛，大学士索额图奏曰："前议三藩当迁者，皆宜正以国法。"朕曰："不可。廷议之时，言三藩当迁者，朕实主之。今事至此，岂可归过于他人？"时在廷诸臣一闻朕旨，莫不感激涕零、心悦诚服。朕从来诸事不委罪于人，矧军国大事而肯卸过于诸大臣乎？

过去，三藩[1]没有反叛之前，我与议政王大臣[2]商议迁藩的事，其中有说应该迁藩的，有说不应该迁藩的。然而当时的形势是，迁藩三藩会反叛，不迁藩三藩也会反叛，所以就定下了迁藩。三藩举兵反叛后，大学士索额图[3]上奏称："先前商议的时候，说应当迁藩的人，都应该以国法处置。"我说："不可以。当初在朝廷上商议的时候，说应当迁藩的，实际上是我的主张。如今事已至此，怎么能将过错归于他人呢？"当

1　三藩是指清初为挥师南下征服全国而扶植起来的三股汉族军队，全国统一后，成为割据一方的汉族藩王，即平西王吴三桂（割据云南）、平南王尚可喜（割据广东）和靖南王耿精忠（割据福建）。康熙年间，三藩已成尾大不掉之势，遂有裁撤之议。

2　议政王大臣会议是清前期由满族宗王、八旗、贝勒等上层贵族参与处理国是的政治制度，议政王大臣即有资格参加这种会议的贵族重臣。后随着君主集权的加强，这种制度逐渐消亡，其职能在康熙年间逐渐由南书房取代，雍正年间形成军机处后，这一制度完全消亡。

3　索额图（1636—1703），赫舍里氏，满洲正黄旗人，大学士索尼之子，康熙孝诚仁皇后的叔父，康熙年间权臣。曾代表清廷与沙皇俄国签订《尼布楚条约》。

夙简威名将略雄，高牙坐镇海云东。
旗麾到处销兵气，壁垒开时壮武功。
尽使版图归化日，远教边徼被皇风。
酬勋世赐丹书重，勉尔长思报国忠。

——爱新觉罗·玄烨《赐宁古塔将军巴海诗》

时在朝廷上的诸位大臣一听我的话，无不感激涕零、心悦诚服。我从来不将罪过推诿给他人，况且军国大事，又怎么能将过错推卸给诸位大臣呢？

06. 老子曰："知足者富。"又曰："知足不辱，知止不殆，可以长久。"奈何世人衣不过被体，而衣千金之裘，犹以为不足，不知鹑衣缊袍者，固自若也；食不过充肠，罗万钱之食，犹以为不足，不知箪食瓢饮者，固自乐也。朕念及于此，恒知自足。虽贵为天子，而衣服不过适体；富有四海，而每日常膳除赏赐外，所有肴馔，从不兼味。此非朕勉励强为之，实由天性自然。汝等见朕如此俭德，其共勉之。

老子说："知道满足的人富有。"又说："知道满足的人不至受辱，知道适可而止的人不会遇到危险，可以保持长久。"穿衣服不过是为了遮盖身体，无奈世间的人就算穿上价值千金的轻裘，仍旧不知满足，而不知道那些衣衫褴褛的人，仍旧可以处事自如；吃饭不过是为了充饥，无奈世间的人就算置备价值万钱的食物，仍旧不知满足，而不知道那些一箪食、一瓢饮的人，仍旧可以自得其乐。我想到这些，就能够保持自足。虽然贵为天子，而衣服也不过只求合身舒适；富有四海，而每天日常的饮食，除了用于赏赐的，菜肴从不在两种以上。这不是我勉强要做到，实在是因为人的天性如此。你们看到我这种俭省的品德，也应该共勉。

07. 如朕为人上者，欲法令之行，惟身先之，而人自从。即如吃烟一节，虽不甚关系，然烛火之起多由于此，故朕时时禁止。然朕非不会吃烟，幼时在养母家颇善于吃烟。今禁人而己用之，何以服人？因而永不用也。

像我这样居于上位的人，要想使法令得以推行，只有率先垂范，人们自然就会跟从。就比如吸旱烟这件事，虽然并不是什么要紧的事，但是火灾发生多由此引起，所以我一直禁止吸旱烟。然而，我并不是不会吸旱烟，幼年时在养母家里，我也很能吸旱烟。如今禁止别人吸旱烟而自己却仍然吸，怎么能使人信服呢？因而我便永远不再吸了。

08. 世人皆好逸恶劳，朕心则谓人恒劳而知逸。若安于逸则不惟不知逸，而遇劳即不能堪矣。故《易》有云："天行健，君子以自强不息。"由是观之，圣人以劳为福，以逸为祸也。

世上的人都喜欢安逸而厌恶劳作，我心里则认为，人常常处于劳作中，才知道什么是安逸。如果平时就沉溺于安逸的状态，那么不仅不能体会安逸的快乐，而且遇到需要劳作的时候就不能应付了。所以《易经》中说："天行健，君子以自强不息。"由此看来，圣人以为劳作是福分，而安逸是祸患啊。

09. 人心一念之微，不在天理，便在人欲。是故心存私便是放，不必逐物驰骛然后为放也。心一放便是私，不待纵情肆欲然后为私也。惟心不为耳目口鼻所役，始得泰然。故孟子曰："耳目之官不思，而蔽于物。物交物，则引之而已矣。心之官则思，思则得之，不思则不得也。此天之所以与我者。先立乎其大者，则其小者不能夺也。此为大人而已矣。"

人心在一念之间的细微之处，不在于天理，就在于人欲。因此，心存私念就是放纵，不是一定要追逐物质、神思奔走之后才是放纵。心中有一点放纵，便是私念，不是要等到放纵情绪和欲望之后才是私念。只有内心不被感官之欲所奴役，才能泰然自若。所以孟子说："耳朵眼睛这样的器官不能自己思考，因而常为外物所蒙蔽。物质相互接触，就把这类器官引入迷途了。心这样的器官是可以思考的，思考才有收获，不思考就没有收获。这是上天赐给人的禀赋。要先把大处的德行确立起来，那么小处的诱惑就不能左右它了。这才能成为德行修养高尚的人。"

10.《大学》《中庸》俱以慎独为训，是为圣贤第一要节。后人广其说曰："暗室不欺。"所谓暗室，有二义焉：一在私居独处之时；一在心曲隐微之地。夫私居独处，则人不及见；心曲隐微，则人不及知。惟君子谓此时指视必严也。战战栗栗，兢兢业业，不动而敬，不言而信，斯诚不愧于屋漏而为正人也夫。

《大学》和《中庸》这两部经典都将慎独作为重要的准则，是通往圣贤的修养道路上最重要的一个环节。后来人们将这个学说扩展为“暗室不欺”，即在别人看不见的地方也不做亏心事。所谓的“暗室”，有两层意思：一层是说私下里一个人的时候；一层是说人内心隐蔽不为人知的地方。私下里一个人的时候，别人看不见；内心隐蔽不为人知的地方，别人不知道。只有君子才能在这种时候还保持一举一动的端庄严肃。战战栗栗，兢兢业业，即使不行动也保持谨慎，即使不说话也诚实守信，这才真是无愧于神明而算得上是个正人君子啊。

11. 为人上者，教子必自幼严饬之始善。看来，有一等王公之子，幼失父母，或人惟有一子而爱恤过甚，其家下仆人多方引诱，百计奉承。若如此娇养，长大成人，不至痴呆无知，即多任性狂恶。此非爱人，而反害之也。汝等各宜留心！

居于上位的人，教育子女一定要从小严格要求才好。我看有些一等王公的孩子，幼年失去父母，或者是家里的独子而受到的宠爱过多，家里下人仆役多方引诱，想出各种办法奉承他。如果这样娇惯孩子，他长大之后，就算不至于呆笨无知，也往往会任性妄为、狂悖凶暴。这不是爱孩子，反而是害孩子。你们每个人都应该留心。

12. 人之为圣贤者，非生而然也，盖有积累之功焉。由有恒而至于善人，由善人而至于君子，由君子而至于圣人，阶次之分，视乎学力之浅深。孟子曰："夫仁，亦在乎熟之而已矣。"积德累功者亦当求其熟也。是故有志为善者，始则充长之，继则保全之，终身不敢退，然后有日增月益之效。"故至诚无息，不息则久，久则征，征则悠远，悠远则博厚，博厚则高明。"其功岂可量哉！

那些成为圣贤的人，并不是天生的，而是日积月累的功夫。从持之以恒开始而成为好人，从好人而成为君子，从君子而成为圣人，其间的区别，在于学习功力的深浅。孟子说："仁啊，也在于慢慢培养使它成熟。"积累功德的人也应该如此。因此有志要为善的人，开始要培养它，然后就要保全它，终其一生都不能有所退步，这样，以后才能有日积月累增加进步的效果。"所以追求至诚的德行是不能停歇的，不停歇就能持久，持久就能生效，生效就能悠久无穷，悠久无穷就能博大深厚，博大深厚就能高妙清明。"[1]这种功效是无可估量的！

13. 凡人不能无好恶，但能胜其私心则善。诚见善而好之，见恶而恶之，则不能牵累吾心矣。人于喜怒亦然。喜时不能不遇可怒之事，怒时不能不遇可喜之事。是故《大学》云"忿懥好乐，皆难得其正"者，此之谓也。

---

1 原句语出《中庸》。

所有的人都不可能没有喜好和厌恶的偏向，只要能战胜自己的私心，就是好的。真正做到见到善就喜欢它，见到恶就厌恶它，喜好和厌恶的偏向就不能牵累我的心了。人对于喜怒也是如此。欢喜的时候也会遇到令人愤怒的事，愤怒的时候也会遇到令人欢喜的事。因此《大学》中说“心中有所忿懥或有所好乐，都难以做到端正”的话，说的就是这个道理。

14. 为人上者使令小人，固不可过于严厉，而亦不可过于宽纵。如小过误，可以宽者即宽宥之；罪之不可宽者，彼时即惩责训导之，不可记恨。若当下不惩责，时常琐屑蹂践，则小人恐惧，无益事也。此亦使人之要，汝等留心记之！

身居上位的人使唤下面的人，固然不可以过分严厉，但也不可以过分宽容放纵。如果下面的人犯了小的过失错误，能够宽免的就宽免他；如果犯了不能宽免的罪过，当时就要惩戒责罚教训他，不能在心里记恨。如果当时没有惩戒责罚，又在平时零碎地敲打他，就会使下面的人心生恐惧，没有什么好处。这也是用人的关键，你们要用心记下！

15. 尝观《宋史》，孝宗月四朝太上皇，称为盛事。孝宗于宋固为敦伦之主，然而上皇在御，自当乘暇问视。岂可限定朝见之期？朕事皇太后五十余年，总以家庭常礼出乎天伦至性，遇有事奏启，一日二三次进见者有之，或无事即间数日者有之。至于万寿诞辰，嘉时令节，朕备家宴，恭请临幸，则自晨至暮，左右奉侍，岂止月觐数次！朕巡狩江南，出猎塞北，也随本报三日一次恭请圣安外，仍使近侍太监乘传请安，并进所获鹿、麅、雉、兔、鲜果、鲜鱼之类。凡有所得，即令驰进，从不拘定日期。且朕侍皇太后家人礼数，惟以顺适为安，自然为乐，并不以朝见日期限定礼法而称孝也。

曾经看《宋史》，南宋孝宗[1]每个月四次朝见太上皇，被称为盛大之事。孝宗在宋朝固然是一位讲究厚重人伦的皇帝，然而太上皇在世，自然应当有空闲就去问候探视。怎能限定朝见的日期呢？我侍奉了皇太后[2]五十多年，总是认为家庭日常的礼仪是出于天道人伦的本性，遇到有事情要禀告，一天去见皇太后两三次的时候也有；如果没有事情要说，隔几天才去见皇太后一次的时候也有。到了皇太后寿诞，或者良辰佳节的时候，我准备家宴，恭敬地请皇太后来出席，就从早到晚侍奉在左右，哪里止于一个月去朝觐几次呢！我到江南巡视、

1　宋孝宗，赵昚（1127—1194），宋太祖七世孙，宋高宗赵构嗣子，南宋第二位皇帝，宋朝第十一位皇帝。绍兴三十二年（1162 年），宋高宗禅位于赵昚。本段中所说的太上皇即为宋高宗。

2　皇太后，此处为康熙皇帝嫡母，原顺治孝惠章皇后（1641—1718），博尔济吉特氏，顺治皇帝第二任皇后。康熙即位后，与其生母孝康章皇后两宫并尊，称母后皇太后。

到塞北打猎或作战的时候，除了三天一次递送请安的奏本外，还使近侍的太监乘车前去请安，并且将猎取的鹿、狍子、野鸡、兔子和所得的野果、鲜鱼等一并进献给皇太后。只要得了东西，就令人快马进献，从来不限定日期。而且我侍奉皇太后是以家人相处的礼数，只以顺从适意为妥当，自然相处为乐事，并不以朝见的日期和限定下来的礼法而图孝顺之名。

16. 凡人持身处世，惟当以恕存心。见人有得意事，便当生欢喜心；见人有失意事，便当生怜悯心。此皆自己实受用处。若夫忌人之成，乐人之败，何与人事？徒自坏心术耳。古语云："见人之得，如己之得；见人之失，如己之失。"如是存心，天必佑之。

所有的人持身处世，应当心存恕道。见到他人有得意的事，就应该跟着心生欢喜；见到他人有失意的事，就应当跟着心生怜悯。这也是于己有所裨益的事。如果忌惮他人的成就，乐见他人的失败，如何与人共事呢？只能白白使自己的心术变坏罢了。古话说："见到他人有所得，就像自己有所得一样；见到他人有所失，就像自己有所失一样。"存着这样的心，上天一定会护佑他。

17. 民生本务在勤，勤则不匮。一夫不耕，或受之饥；一妇不蚕，或受之寒。是勤可以免饥寒也。至于人生衣食财禄，皆有定数。若俭约不贪，则可以养福，亦可以致寿。若夫为官者俭，则可以养廉。居官、居乡只缘不俭，宅舍欲美，妻妾欲奉，仆隶欲多，交游欲广，不贪何从给之？与其寡廉，孰若寡欲？语云："俭以成廉，侈以成贪。"此乃理智必然者。

老百姓生活的根本之务在于勤劳，勤劳就不至于匮乏。一个农夫不耕种，就可能有人挨饿；一个农妇不养蚕，就可能有人受寒。这说明勤劳可以使人免受饥寒。至于人一生所得的衣食财物，都有一定之数，如果俭省约束而不贪心，就可以滋养福泽，也可以延年益寿。为官的人能够俭省，就可以养成廉洁的美德。无论是为官还是燕居乡里，如果不肯俭省，一味追求华美的宅院房舍，侍奉妥帖的妻妾，多多的仆役，广泛的交游，不贪取更多的财物怎么来支付这些呢？与其不廉洁，不如少些欲望。古话说："俭省以养成廉洁的德行，奢侈以养成贪婪的品行。"这正是必然之理。

18. 国家赏罚治理之柄，自上操之。是故转移人心，维持风化，善者知劝，恶者知惩。所以代天宣教，时亮天功也。故爵曰："天职。"刑曰："天罚。"明乎赏罚之事，皆奉天而行，非操柄者所得私也。《韩非子》曰："赏有功，罚有罪，而不失其当，乃能生功止过也。"《书》曰："天命有德，五服五章哉！天讨有罪，五刑五用哉！政事懋哉！懋哉！"盖言爵赏刑罚，乃人君之政事，当公慎而不可忽者也。

国家实施赏赐刑罚治理的权柄，操持在统治者手中。因此转变人们的心思，维持好的风气，使善的人知道更加劝勉，恶的人知道会受到惩罚，是代替上天宣扬教化的行为，是辅助上天成就天下的大事。因此爵位是上天给一个人的职位，刑罚是上天给一个人的惩罚。要明白，赏赐和刑罚都是顺应天意而行的事，不是操持权柄的人能够根据私心而做的。《韩非子》中说："赏赐有功勋的人，惩罚有罪过的人，而不失恰当的分寸，才能够鼓励人们建功，而阻止人们犯错。"《尚书》中说："上天命令有道德的人各称其职，分为天子、诸侯、卿、大夫、士这五等，各有服制和纹章；上天讨伐有罪过的人，有黥、劓、剕、宫和大辟五种刑罚可以施行。处理政事要勤勉啊！要勤勉啊！"这所说的大概就是爵位赏赐和刑罚都是君王的政事，应该处之以公正谨慎的态度，而不能轻忽待之。

19. 天下事物之来不同，而人之识见亦异。有事理当前，是非如睹，出平日学力之所至，不待拟议而后得之，此素定之识也；有事变倏来，一时未能骤断，必等深思而后得之，此徐出之识也；有虽深思而不能得，合众人之心思，其间必有一当者，择其是而用者，此取资之识也。此三者，虽圣人亦然。故周公有继日之思，而尧舜亦曰"畴咨""稽众"。惟能竭其心思，能取于众，所以为圣人耳。

天下的事物来由各有不同，人们的见识也各有不同。事大漠春残雪尚飞，从征车马正骈骈。
风回沙路米金勒，寒送冰花上铁衣。
每念折冲凭士气，况从绝徼奉天威。
六军同奉赳桓志，伫见晴曛满翠旗。

——爱新觉罗·玄烨《春寒轸念将士》

情的道理就在眼前，是非可以看得分明，依靠平时的学问功力，而不必深思熟虑即可得出结论，这是一向积累所得的见识。事情的变故忽然出现，一时之间不能做出决断，一定要等到深入思考才能得出结论，这是慢慢得出的见识。即使深入思考了也不能得出结论，则综合大家的智慧，其中必有一种合宜妥当的，选择正确的来用，这是取用他人智慧的见识。这三种见识，即使圣人也不过这样。所以周公曾夜以继日地思考，尧舜也说要访问他人、求取意见。只有能尽心竭力地思考，能汲取他人的智慧，才能成为圣人。

20. 凡人平日必当涵养此心。朕昔足痛之时，转身艰难，足欲稍动，必赖两旁侍御人那移，少著手即不胜其痛。虽至于如此，朕但念自罹之灾，与左右近侍谈笑自若，并无一毫躁性生忿，以至于苛责人也。二阿哥德州病时，朕一日视之，正值其含怒，与近侍之人生忿。朕宽解之，曰："我等为人上者，罹疾却有许多人扶持任使，心犹不足。如彼内监或是穷人，一遇疾病，谁为任使？虽有气忿向谁出耶？"彼时左右侍立之人听朕斯言，无有不流涕者。凡此等处，汝等宜切记于心。

所有人平时都应该涵养自己的心智。我过去脚疼的时候，转身都很困难，脚想轻微地动一下，都一定要依靠两旁服侍的人扶持挪动，手下没有着力的地方脚就疼得不行。虽然到了这种地步，我只认为这是自己遭受的灾祸，与左右近旁服侍的人像平时一样谈笑，并没有一丝一毫的烦躁和愤怒，更不至于要苛责他人来泄愤。二阿哥[1]在德州生病的时候，我有一天去看他，正当他生着气，与在近旁服侍的人发火。我宽慰开解他，说："我们这些身居高位的人，患了病还有许多人在旁边以供驱使，心里还不满足。像那些内监或贫穷的人，遇到生病的时候，谁给他们驱使呢？虽然心中也有气愤和愤怒，又向谁发泄呢？"当时左右侍立的人听到我的这番话，没有不感动得流泪的。这些道理你们都要好好记在心里。

21. 人之一生虽云命定，然而命由心造，福自己求。如子平五星推人妻财子禄及流年月建，日后试之多有不验。盖因人事未尽，天道难知。譬如推命者言当显达，则自谓必得功名，而诗书不必诵读乎？言当富饶，则自谓坐致丰亨，而经营不必谋计乎？至谓一生无祸，则竟放心行险，恃以无恐乎？谓终身少病，则遂恣意荒淫，可保无虞乎？是皆徒听禄命，反令人堕志失业，不加修省，愚昧不明，莫此为甚！以朕之见，人若日行善，命运虽凶而可必其转吉；日行恶事，命运纵吉而可必其反凶。是故"命"之一字，孔子罕言之也。

虽然有人说人的一生是命运决定的，但是命运是由自己

1　二阿哥，名胤礽（1674—1725），康熙皇帝次子，唯一成年的嫡子，中国历史上最后一位经过公开册立的皇太子。雍正皇帝即位后改名为允礽。

创造的，福祉是由自己求得的。譬如占星术用五星来推算人的妻子财富子女利禄和年寿运气，日后看来大都没有实现。大概因为人没有尽力，天定的命运也就难以推知。例如推算命格的人说一个人应该会显赫发达，他就自以为一定会得到功名，而不必诵读诗书了吗？说一个人应该会富有，他就自以为可以什么都不做就获得财物，而不必经营谋划了吗？说一个人一生不会有祸患，他就可以放心冒险，而有恃无恐了吗？说一个人一生少有疾病，他就可以恣意妄为荒淫无度，而仍然不会出问题吗？这都是凭空听信福禄命定，反而会使人丧失志向、失去事业，不进行修养反省，愚昧不明事理，没有比这更严重的了！照我看来，一个人如果每天行善事，命运即便凶险，也一定可以转为吉利的；每天行恶事，命运纵然吉利，也一定会转为凶险的。因此，“命”这个字，孔子很少说到它。

22. 凡人最重要者，惟力行善道。能尽五伦而一心笃于行善，则天必眷佑，报之以祥；若徒口言善而心存奸邪，决不为天所佑。是以古圣人惟欲人之止于至善也。

人最重要的事，便是身体力行于善道。能够尽力遵守君臣、父子、夫妇、兄弟、朋友五伦，而一心一意地笃行于善道，就一定会受到上天的眷顾和护佑，得到吉祥的命运回报；如果只是嘴上说善而心里面存着奸邪之念，绝不会受到上天护佑。因此古代的圣人要人们达到至善的境界。

23. 好疑惑人非好事。我疑彼，彼之疑心益增。前者丹济拉来降之时，众皆谏朕宜防备之。朕心以为丹济拉既已来降，即我之臣，何必疑焉？初至之日，即以朕之衣冠赐之，使进朕帐幄内近坐赐食，傍无一人，与伊刀切肉食。彼时丹济拉因朕之诚心相待，感激涕零，终身奋勉尽力。又，先时台湾贼叛，朕欲遣施琅，举朝大臣以为不可，遣去必叛。彼时朕召施琅至，面谕曰："举国人俱云汝至台湾必叛。朕意如若不去台湾，断不能定汝之不叛。"朕力保之，卒遣之。不日而台湾果定。此非不疑人之验乎？凡事开诚布公为善，防疑无用也。

喜欢对他人心存疑惑不是什么好事情。我怀疑其他人，其他人的疑心也会与日俱增。以前丹济拉[1]来归降的时候，大家都劝谏我说，应该对他有所防备。我心里觉得，丹济拉既然已经来归降了，就是我的臣属，何必怀疑他呢？他初来那天，我就将自己的衣冠赐给他，让他进我的帐篷里来，坐在我身边吃饭，旁边没有其他人，我和他一起用刀切肉吃。当时丹济拉因为我以诚相待而感激涕零，终其一生都勤勉有加，对朝廷尽心尽力。还有，先前台湾郑氏反叛，我打算派遣施琅去平定，满朝的大臣都认为不可以，派遣他去他一定会反

1　丹济拉（？—1708），厄鲁特蒙古人，葛尔丹部将才，曾率军侵喀尔喀，康熙三十六年（1697年）为清军所败而归降。

岛屿全军入，沧溟一战收。
降帆来蜃市，露布彻龙楼。
上将能宣力，奇功本伐谋。
伏波名共美，南纪尽安流。

——爱新觉罗·玄烨《赐施琅诗》

叛的。那时候我就召见施琅，当面对他说："全国人都说你去了台湾一定会反叛。我的意思是，你要是不去台湾，就断不能确定下来你不会反叛。"我力保施琅，最终派遣他去了。不久，台湾果然平定。这不正验证了不怀疑人的好处吗？所有的事都以开诚布公为善，防范和怀疑是没有用的。

24. 孔子云："君子有三戒：少之时血气未定，戒之在色；及其壮也，血气方刚，戒之在斗；及其老也，血气既衰，戒之在得。"朕今年高，戒色、戒斗之时已过，惟或贪得，是所当戒。朕为人君，何所用而不得，何所取而不能，尚有贪得之理乎？万一有此等处，亦当以圣人之言而戒。尔等血气方刚者，亦有血气未定者，当以圣人所戒之语，各存诸心而深以为戒也。

孔子说："君子有三个要注意戒除的方面：少年时代血气没有定性，要戒除色欲；等到壮年，血气方刚，要戒除好狠斗勇的冲动；等到老年，血气已经衰弱，要戒除贪得之心。"我如今年事已高，戒色和戒斗的时候已经过去了，只是有可能会贪得，是应该注意戒除的。我作为一国之君，想用什么会得不到呢？想获取什么会不能呢？还会有贪得吗？但是万一有这种情况，也应该根据圣人的言论来注意戒除。你们中间有血气方刚的，也有血气未定的，应该根据圣人的言论各自在心里注意，深深地引以为戒。

张英《聪训斋语》

作者小传

张英（1637—1708），字复敦，又字梦敦，号乐圃、圃翁，清代大臣，安徽桐城张氏一门“祖父子孙先后相继入南书房”煊赫门第的开创者。康熙六年中进士，官至文华殿大学士、礼部尚书。康熙四十年致仕。康熙皇帝对这位“品才优长、恪勤益励”的股肱之臣爱重有加，曾赐给他“笃素堂”的匾额，张英便将自己的文集命名为《笃素堂文集》。“笃素”一词，来自陶渊明《感士不遇赋》中“抱朴守静，君子之笃素”的句子，有志向专一的意思。张英为官三十余年，“简任机密，老成勤慎，始终不渝”，可谓不忘初心。张英致仕后，康熙皇帝南巡途经安徽，仍召见张英，有所赏赐。雍正八年入祀贤良祠。张英治家有道，在处理乡邻关系上主张谦退，著名的“六尺巷”的典故即出于他。

编者按

《聪训斋语》是张英为子弟所作家训，内容涉及一个人成长成才的各个方面。从饮食衣着、起居习惯，到读书养志、交游择友、兴趣涵养，乃至为官立业，张英均根据自己的经验与见识提出了一系列行为标准。其倡导勤俭节约、读书明理、交友谨慎、立身清白等行为标准，其细节处折射出境界的通达明澈，至今品来仍觉智慧深远。张英认为，读书最重要的意义在于提升修养、使人敬重，是谓“读书者不贱”；俭省是修身养性的美德，不可挥霍浪费，重视农桑是传家的根本，是谓“守田者不饥”；对待他人，特别是地位低于自己的人，要特别宽厚，不可傲然使气，是谓“积德者不倾”；朋友是影响一个人品行事业的关键因素，选择好的朋友相交，是立身处事的重要基础，是谓“择交者不败”。《聪训斋语》体现了清朝前期耕读传家的汉族知识分子的价值观取向，在一定程度上也反映了当时的社会生活和人们的精神风貌。张英的家庭教育成效显著，长子张廷瓒康熙十八年（1679年）中进士，官至詹事府少詹事，不幸早逝。次子张廷玉后来成为雍正、乾隆两朝的重臣，自云受教于此，“终身诵之”。

本书选译所依据的，是新星出版社2015年出版的《父子宰相家训》。

01. 人心至灵至动，不可过劳，亦不可过逸，惟读书可以养之。每见堪舆家平日用磁石养针，书卷乃养心第一妙物。闲适无事之人，镇日不观书，则起居出入，身心无所栖泊，耳目无所安顿，势必心意颠倒，妄想生嗔。处逆境不乐，处顺境亦不乐。每见人栖栖皇皇，觉举动无不碍者，此必不读书之人也。……且从来拂意之事，自不读书者见之，似为我所独遭，极其难堪；不知古人拂意之事，有百倍于此者，特不细心体验耳。即如东坡先生殁后，遭逢高、孝，文字始出，名震千古。而当时之忧谗畏讥，困顿转徙潮、惠之间，苏过跣足涉水，居近牛栏，是何如境界？又如白香山之无嗣，陆放翁之忍讥，皆载书卷。彼独非千载闻人，而所遇皆如此！诚壹平心静观，则人间拂意之事，可以涣然冰释。若不读书，则但见我所遭甚苦，而无穷怨尤嗔忿之心，烧灼不宁，其苦为何如耶？且富盛之事，古人亦有之，炙手可热，转眼皆空。故读书可以增长道心，为颐养第一事也。

人心是最灵活多变的，不可过于劳碌，也不可过于安逸，只有读书可以涵养心志。我们常常见到看风水的人用磁石来养针，而书卷是最为养心的妙物。生活闲适而无事可做的人，如果整天不看书，那么起居出入之际，身体与心灵皆无可以停靠安放之所，耳目精力也无所寄托，势必心意颠倒，产生妄念和愤然的情绪。这样的话，他无论处于逆境还是顺境，都不会快乐。那些惶恐不安、感觉和举动都不适当的人，必是不读书的人。……不如意的事，在不读书的人看来，似乎是他所独有的遭遇，非常难以忍受，而不知古人不如意的事，有比他所遭遇的更甚百倍，只是不去细心体验罢了。譬如苏轼身后，受到宋高宗、宋孝宗两位帝王的推崇，文章之名才得以为天下所知，乃至震烁千古。而他在世之际，为他人的批判指责而担心忧虑，遭遇困厄，在潮州、惠州之间辗转流徙，陪伴在身边的幼子苏过赤足蹚水，住在牛栏附近，此番所居所处是怎样的境地？又譬如白居易膝下无子，陆游郁郁不得志而不得不忍受诟病，这些往事都载于书卷之中。他们都是古往今来青史有名的人，所遭历的境遇却是如此坎坷！若能平心静气地了解这些，自己所遇的种种不如意，都可以完全消解了。若不读书，不知道这些，则只能看到自己遭遇的苦难，从而产生无穷无尽的怨恨和愤怒，内心焦灼不得安宁，这种痛苦又有什么意义呢？而且富贵荣华的事，古人也有，书中也有记载，有财有势而气焰逼人，也不过转眼皆空，不足为道。因此，读书可以培养追求大道之心，从而使人免于俗物的焦虑，是修养心性的最佳途径。

02. 人生福享，皆有分数。惜福之人，福尝有余；暴殄之人，易至罄竭。故老氏以俭为宝。不止财用当俭而一夕汀洲鸿雁飞，白门杨柳渐霏微。
江声自抱三山碧，云物何知六代非。
桃叶渡头歌吹歇，雨花台畔酒帘稀。
轻帆不解高吟意，流过空江燕子矶。

——张英《长干》

已，一切事常思俭啬之义，方有余地。俭于饮食，可以养脾胃；俭于嗜欲，可以聚精神；俭于言语，可以养气息非；俭于交游，可以择友寡过；俭于酬错，可以养身息劳；俭于夜坐，可以安神舒体；俭于饮酒，可以清心养德；俭于思虑，可以蠲烦去扰。凡事省得一分，即受一分之益。大约天下事，万不得已者，不过十之一二。初见以为不可已，细算之，亦非万不可已。如此逐渐省去，但日见事少。白香山诗云："我有一言君记取，世间自取苦人多。"今试问劳扰烦苦之人，此事亦尽可已，果属万不可已者乎？当必恍然自失矣。

人生的福分和享受，都是有一定之数的。珍惜福分的人，福分总是有余裕；挥霍浪费的人，则容易耗尽福泽。因此老子以节省为宝。不止财物用度方面应该节省，所有的事都常常想着节省，才能有余地。在饮食上节省，可以使脾胃得到休养；在耳目口舌之欲上节省，可以使精神凝聚；在言语上节省，可以涵养气度、止息是非；在交往冶游上节省，可以更好地选择朋友、少犯错误；在应酬往来上节省，可以休养身体、减少劳累；在熬夜枯坐上节省，可以使精神安宁、身体舒泰；在饮酒上节省，可以净化心灵、涵养德行；在思考担忧上节省，可以免除烦恼和扰攘。凡事节省一分，就会得到一分的好处。天下之事，真正万不得已非做不可的，不过十之一二。最初以为不可避免的事，细细盘算就会发现也不是不可避免。这样逐渐就可以省去许多事。白居易有诗："我新晴土膏动，原上春草生。
陂塘引涧壑，活活春水鸣。
桑阴悦好鸟，布谷时一声。
夜来饱饭牛，朝来从耦耕。
耕事一畦毕，淡泊心无营。
偶然召邻叟，索取壶觞倾。
高谈视天壤，把酒欢平生。
面无忧喜色，胸无宠辱情。
始知于陵子，灌园逃公卿。

——张英《拟古田家诗》

有一言君记取，世间自取苦人多。”试问那些劳碌扰攘烦闷痛苦的人，那些忙碌的事是可以避免的，还是真的是万不得已非做不可的呢？他们一定会恍然明白自己的过失了。

03. 予于归田之后，誓不著缎，不食人参。夫古人至贵，犹服三浣之衣。缎之为物，不可洗，不可染，而其价六七倍于湖州绉绸与丝绸，佳者三四钱一尺，比于一匹布之价。初时华丽可观，一沾灰油，便色改而不可浣洗。况予素性疏忽，于衣服不能整齐，最不爱华丽之服。归田后惟著绒、褐、山茧、文布、湖绸，期于适体养性。冬则羔裘，夏则蕉葛，一切珍裘细縠，悉屏弃之，不使外物妨吾坐起也。老年奔走应事务，日服人参一二钱。细思吾乡米价，一石不过四钱，今日服参，价如之或倍之，是一人而兼百余人糊口之具，忍孰甚焉？侈孰甚焉？夫药性原以治病，不得已而取效于旦夕，用是补续血气，乃竟以为日用寻常之物，可乎哉？无论物力不及，即及亦不当为。予故深以为戒。倘得邀恩遂初，此二事断然不渝吾言也。

我退休归隐田园之后，绝不穿缎子做的衣服，不服用人参。古人即使到了最高贵的地位，也仍然穿洗过三次的衣服。缎子这种东西，不能洗，也不能染，价格却是湖州绉绸和丝绸的六七倍，其中的上品甚至要三四钱一尺，相当于一匹布的价钱。缎子做的衣服一开始华丽好看，而一旦沾上灰尘油污，颜色就会改变，也不能清洗。何况我一向性情疏怠轻忽，在衣服上不能整顿齐楚，最不喜爱华丽的服装。退休之后，我就只穿细布、粗布、蚕丝、文布、湖绸所做的衣服，希求适合身体，修养性情。冬天穿羔羊皮做的皮衣，夏天穿细葛做的长衫，一切珍贵的皮衣和精细的纱绸，全都不要，为的是不让身外之物妨碍我的起居行动。年纪大了为事务奔走应对，每天要服用人参一两钱。细想我家乡的米价，一石也才四钱，如果每天服用人参，花费相当于一石甚至两石米，这是一个人消费了可以养活一百多人的财物，有比这更狠心的事吗？有比这更奢侈的事吗？人参的药性原本是用于治病的，不得已的时候才在临时取其效用，用它来补续血气，如果作为每天都用的普通事物，怎可如此？不要说物力不允许，就算是允许，也不应当啊。因此我深以为戒。倘若有幸得到允许告老还乡，这两件事绝不会有违所言。

04. 高位者，责备之地，忌嫉之门，怨尤之府，利害之关，忧患之窟，劳苦之薮，谤讪之的，攻击之场，古之智人往往望而却步。况有荣则必有辱，有得则必有失，有进则必有退，有亲则必有疏。若但计丘山之得，而不容铢两之失，天下安有此理？但己身无大谴过，而外来者平淡视之，此处贵之道也。

崇高的地位，是批评指责的对象，是忌惮嫉妒的入口，是怨恨生成的地方，是利害相交的关口，是忧虑与患难的窟穴，是劳心劳力的源头，是毁谤讥刺的目标，是进攻打击的场所，古代有智慧的人往往对它望而却步。何况有荣耀就有耻辱，有获得就有失去，有进步就有退却，有亲厚就有疏远。如果只想着优厚重大的所得，而容不下一铢一两的所失，天下哪有这样的道理？只要自己没有什么大的过错，对于外在的批评指责、忌惮嫉妒、怨恨忧患等，都可以平淡以待，这就是身处高位的办法。

05. 至子孙之累尤多矣！少小则有疾病之虑，稍长则有功名之虑，浮奢不善治家之虑，纳交匪类之虑。一离膝下，则有道路寒暑饥渴之虑，以至由子而孙，展转无穷，更无底止。夫年寿既高，子息蕃衍，焉能保其无疾病痛楚之事？贤愚不齐，升沉各异，聚散无恒，忧乐自别。但当教之孝友，教之谦让，教之立品，教之读书，教之择友，教之养身，教之俭用，教之作家。其成败利钝，父母不必过为萦心；聚散苦乐，父母不必忧念成疾。但视己无甚刻薄，后人当无倍出之患；己无大偏私，后人自无攘夺之患；己无甚贪婪，后人自无荡尽之患。至于天行之数，禀赋之愚，有才而不遇，无因而致疾，延良医而慎调治，延良师而谨教训，父母之责尽矣！父母之心尽矣！此处多子孙之道也。

有了子孙，会感到他们所带来的负累特别多！孩子小的时候，父母担心他生病，长大后又担心他的功名、担心他浮华奢靡不会治家、担心他交友不慎。一旦孩子离开身边，父母又担心路上的冷热饥渴。由子女而到孙辈，这种担心是没有尽头的。一个人年纪渐长，儿孙繁衍，哪里能保证他们都没有疾病和痛苦呢？孩子们的禀赋原本就有高有低，际遇好坏也各有不同，相聚和离散没有一定之事，忧愁与快乐也各有不同。只要以仁孝友爱、谦恭礼让、端正品行、读书择友、保养身体、俭省持家来教导孩子们就够了。至于他们的成功失败和才华高低，父母就不必过多地操心了；他们的相聚和离散、忧愁和欢乐，父母也不必忧虑成疾。只要看到自己一生处事待人没有过分挑剔无情，当知后人也不至于受到无妄之灾；自己对待孩子们没有过分偏心，当知身后也不会有相互掠夺的事；自己没有过分贪婪，后人也不至于挥霍掉家产。至于天数命运、禀赋不佳、怀才不遇，或无缘无故地得病，请良医来慎重地调理治疗，请良师来谨慎地教导，父母的责任便已尽了，父母的心思也算尽了。这是对待子孙满堂的办法。

06. 凡人少年，德性不定，每见人厌之曰“悭”，笑之曰“啬”，诮之曰“俭”，辄面发热，不知此最是美名。人肯以此诮之，亦最是美事，不必避讳。人生豪侠周密之名不易副，事事应之，一事不应，遂生嫌怨；人人周之，一人不周，便存形迹。若平素俭啬，见谅于人，省无穷物力、少无穷嫌怨，不亦至便乎？

年轻人的道德修养和心性尚未彻底安定，一听人嫌恶地说他“悭吝”，或玩笑地说他“吝啬”，或讥诮地说他“俭省”，就不好意思，却不知这正是好的名声。别人以此来讥诮你，也正是好事，不必有所避讳。待人豪迈侠义、处事周到细致的名声，不容易名实相副。即使大部分事情都应允帮忙，只要一件事没有应允，就会生出嫌隙、招来怨恨；即使对大部分人都周到细致，只要对一人不够周到，便有了名不副实的嫌疑。如果平时便俭省吝啬，得到大家的体谅，就可以省去许多财物与精力，减少许多嫌隙和怨恨，不也是最便当合宜的事吗？

07. 人生以择友为第一事。自就塾以后，有室有家，渐远父母之教，初离师保之严。此时乍得友朋，投契缔交，其言甘如兰芷，甚至父母、兄弟、妻子之言，皆不听受，惟朋友之言是信。一有匪人侧于间，德性未定，识见未纯，鲜未有不为其移者，余见此屡矣。至仕宦之子弟尤甚！一入其彀中，迷而不悟，脱有尊长诫谕，反生嫌隙，益滋乖张。故余家训有云：“保家莫如择友。”盖痛心疾首其言之也！

汝辈但于至戚中，观其德性谨厚，好读书者，交友两三人足矣！况内有兄弟，互相师友，亦不至岑寂。且势利言之，汝则温饱，来交者岂能皆有文章道德之切劘？平居则有酒食之费、应酬之扰。一遇婚丧有无，则有资给称贷之事，甚至有争讼外侮，则又有关说救援之事。平昔既与之契密，临事却之，必生怨毒反唇。

故余以为宜慎之于始也。

人生以选择朋友为第一要事。一个人从入塾就学开始，到有了自己的妻子儿女和单独的住所，渐渐远离了父母的教诲和师长的严格督导。在这时候一得到朋友，情意相合，结交为友，听从他们的言论像沐于兰芷芬芳中一样，甚至父母、兄弟、妻儿的话都听不进去，只觉得朋友说得有道理。只要朋友中有德行不好的人，对于德性没有确定下来、见识没有达到纯洁境界的人来说，很少有不被影响的，我见这种事多了。官宦子弟中尤其是如此！一旦落入这种圈套中执迷不悟，尊长若有训诫教导，反而生出嫌怨间隙，越发滋长乖张的行为。因此我家有家训："保家莫如择友。"这实在是看过众多教训之后总结的经验之谈啊！

你们只要在最近的亲戚中，选择那些德性谨慎厚道，又喜爱读书的人，交两三个朋友就够了。何况家里还有兄弟，可以互为良师益友，也不至于觉得孤寂。而且，就财产利益的角度来说，你们的生活也只是温饱而已，所交的朋友又哪里都是有文章道德可以互相切磋琢磨的？平时交往就有饮酒吃饭的花费、相互应酬的扰攘。遇到有人家里有婚丧嫁娶之类的事，又有礼尚往来的开销，甚至有人有争论诉讼等事，免不了从中斡旋的麻烦。平时既然是关系亲密的朋友，遇到事反而退却，必定招致怨恨辱骂。所以我说，在交友的问题上还是应该一开始就慎重啊！

08. 人之居家立身，最不可好奇。一部《中庸》，本是极平淡，却是极神奇。人能于伦常无缺，起居动作、治家节用、待人接物，事事合于矩度，无有乖张，便是圣贤路上人，岂不是至奇？若举动怪异，言语诡激，明明坦易道理，却自寻奇觅怪，守偏文过，以为不坠恒境，是穷奇梼杌之流，乌足以表异哉？布帛菽粟，千古至味，朝夕不能离，何独至于立身制行而反之也？

一个人居家处事做人，最不可以追求奇特的东西。《中庸》的精神，原本是最平淡的，却也是最神奇的。人能在人伦纲常上举止无缺，起居行动、治理家事、节省用度、待人接物，每一件事都合于规矩尺度，没有乖张的行为，就已经在通往圣贤的路上了，这难道不是最奇妙的吗？如果举止行动怪异，言辞诡异激烈，明明有平坦简易的道理，却非要自己去寻求奇怪不正常的东西、掩饰错误，自以为不落窠臼，去做一些险恶的事情，这又有何神奇之处呢？棉布锦帛、菽豆粟米，是千古以来最平实隽永的东西，须臾不能相离，为什么唯独在立身处世、行为举止方面要反其道而行之呢？

09. 古称："仕宦之家，如再实之木，其根必伤。"旨哉，斯言可为深鉴。世家子弟，其修行立名之难，较寒士百倍。何以故？人之当面待之者，万不能如寒士之古道：小有失检，谁肯面斥其非？微有骄盈，谁肯深规其过？幼而娇惯，为亲戚之所优容；长而习成，为朋友之所谅恕。至于利交而谄，相诱以为非；势交而谀，相倚而作慝者，又无论矣。

人之背后称之者，万不能如寒士之直道：或偶誉其才品，而虑人笑其逢迎；或心赏其文章，而疑人鄙其势利。甚至吹毛索瘢，指摘其过失而以为名高；批枝伤根，讪笑其前人而以为痛快。至于求利不得，而嫌隙易生于有无；依势不能，而怨毒相形于荣悴者，又无论矣。故富贵子弟，人之当面待之也恒恕，而背后责之也恒深，如此则何由知其过失，而显其名誉乎？

故世家子弟，其谨饬如寒士，其俭素如寒士，其谦冲如寒士，其读书勤苦如寒士，其乐闻规劝如寒士，如此则自视亦已足矣；而不知人之称之者，尚不能如寒士，必也。谨饬倍于寒士，俭素倍于寒士，谦冲小心倍于寒士，读书勤苦倍于寒士，乐闻规劝倍于寒士，然后人之视之也，仅得与寒士等。今人稍稍能谨饬俭素、谦下勤苦，人不见称，则曰："世道不古"，"世家子弟难做"。此未深明于人情物理之故者也。

自古就有人说："世代出仕为官的家族，就好像一年结两次果子的树一样，它的根一定会受到伤害。"这话说到了点子上，可以为我们提供有价值的借鉴。世家子弟修养德行、立德立名的困难，要比贫寒之士难上百倍，为什么呢？对于世家子弟，人们当面相待的办法，万万不能像对待贫寒之士那样正直坦诚：如果世家子弟举止小有失检，谁肯当面就指责他的过失呢？如果世家子弟的态度稍有骄矜自满，谁肯深切地纠正他的过错呢？世家子弟从小娇惯，亲戚长辈都对他抱有宽容的态度；长大后行为习惯逐渐养成，朋辈同侪也都对他谅解宽恕。至于那些为了利益而结交的人，以不端正的行为相诱惑；那些为了势力而结交的人，勾结着一道做坏事，就更不要说了。人们在背后议论世家子弟的时候，也万万不能像议论贫寒之士那样直截了当：偶尔想要赞誉世家子弟的人品才学，却顾虑被人嘲笑曲意逢迎；有时倾心赞赏世家子弟的文章，又担心被人鄙夷是攀附权势。严重者，可能不惜吹毛求疵，以指摘世家子弟的过错失误为名望高洁之事；批削枝叶而伤及根本，以讥讽嘲笑世家子弟的先人为痛快。至于那些寻求利益而不得，于是生出嫌怨间隙的人；那些依附势力而不成，彼此攀比而生出怨毒的人，就更不要说了。因此，富贵人家的子弟，人们当面待他的时候总是宽容，背后议论时则求全责备，这样一来，他们怎么能知道自己的过失，而获得名望声誉呢？

因此，世家子弟像贫寒之士一样谨慎检点，一样俭省朴素，一样谦虚淡泊，一样读书勤勉刻苦，一样乐于听从规劝，这样自己已经觉得足够了，却不知人们在背后说起的时候，觉得他们不如贫寒之士，这是一定的。世家子弟比贫寒之士加倍地谨慎检点，加倍地俭省朴素，加倍地谦虚淡泊、小心谨慎，加倍地读书勤勉刻苦，加倍地乐于听从规劝，这样人们看他们才会觉得和贫寒之士差不多。如今的世家子弟，稍稍能做到一点谨慎检点、谦虚勤勉，而没有得到人们的称赞，就说什么“世道不古”“世家子弟不好做”之类的话，这是没有深刻地了解人情和世务道理的缘故啊。

10. 古人有言：“终身让路，不失尺寸。”老氏以“让”为宝。左氏曰：“让，德之本也。”处里闬之间，信世俗之言，不过曰：“渐不可长。”不过曰：“后将更甚。是大不然！”人孰无天理良心，是非公道？揆之天道，有“满损谦益”之义；揆之鬼神，有“亏盈福谦”之理。自古祇闻“忍”与“让”，足以消无穷之灾悔，未闻“忍”与“让”，翻以酿后来之祸患也。欲行忍让之道，先须从小事做起。余曾署刑部事五十日，见天下大讼大狱，多从极小事起。君子敬小慎微，凡事从小处了。余行年五十余，生平未尝多受小人之侮，只有一善策——能转弯早耳。每思天下事，受得小气则不致于受大气；吃得小亏则不致于吃大亏，此生平得力之处。凡事最不可想占便宜，子曰：“放于利而行，多怨。”便宜者，天下人之所共争也，我一人据之，则怨萃于我矣；我失便宜，则众怨消矣。故终身失便宜，乃终身得便宜也。

古人曾说：“一辈子都对别人谦让的人，也不会失去什么。”老子把“谦让”当作一种宝贵的经验。《左传》说：“谦让，是德行的根本。”生活在乡里之间，听信世人通常所说的话，不过是说“不可放纵别人的行为蔓延滋长”，不过是说“他后来还会更加厉害”。这是大错特错了！哪个人没有天理良心，不懂得是非公道呢？以天道来论，有“满招损，谦受益”的道理；以鬼神来论，有“使盈满的亏损，使谦冲的得福”的道理。自古以来只听说容忍和谦让足以消除无穷的灾祸悔恨之事，没有听说过一个人做到了容忍和谦让却反而酿成祸患的。要践行容忍谦让的道理，先要从小事情上做起。我曾经代理刑部的事务五十天，见到重大的刑讼之事，大都是从极小的事情上开始的。君子应该在微小的地方就保持谨慎，所有的事情都在它还是小事的时候就解决掉。我人生在世五十多年，从没有受过小人的欺侮，只有一个好办法——及早回头，不过于执着。每每想想天下的事情，能受点小气的人就不至于有一天要受大气，能吃点小亏的人就不至于有一天要吃大亏，这是我这一辈子最受益的地方。所有的事首先不能想着占便宜，孔子说：“为逐利而行动，会招致很多怨恨。”便宜是世上的人都想要去争夺的，我一个人占了，大家的怨恨就会集中在我身上；我没了便宜，大家的怨恨也就消解了。所以说，一辈子不占便宜，就是最占便宜了。

11. 以世俗论，富贵家子弟，理不当为人所侮，稍有拂意，便自谓：“我何如人，而彼敢如是以加我？”从傍人亦不知义理，用一二言挑逗之，遂尔气填胸臆，奋不顾身，全不思富贵者众射之的也，群妒之媒也。谚曰：“一家温饱，千家怨忿。”惟当抚躬自返：我所月饭不尽米四斗，月饮不尽钱一缗。
思我于世亦何易，胡为竭蹶仇此身。
高牙大纛聚忧患，长镵短锸良苦辛。
同为鼎鼎百年客，锱铢较量忧乐均。
瞿塘如马不可渡，太行九折摧车轮。
比似世情犹坦道，说与应须愁煞人。
薄薄山田傥收获，青刍白粲糟床新。
鸡豚保社少机事，酒酣同作尧天民。
满路松花香馥郁，莫负黄莺紫燕晨。

——张英《放歌》

得于天者已多，彼同生天壤，或系亲戚，或同里闬，而失意如此，我不让彼而彼肯顾让我乎？尝持此心，深明此理，自然心平气和。即有拂意之事，逆耳之言，如浮云行空，与吾无涉。姚端恪公有言："此乃成就我福德相，愈加恭谨以逊谢之，则横逆之来，盖亦少矣！"愿以此为热火世界一帖清凉散也。

以这世间的风俗来说，富贵人家的子弟，似乎理所应当不被他人欺侮，稍有不如意的事，自己便觉得："我是什么样的人啊，他竟然敢这样对我？"身边的人也常常不明白大义和道理，反而说一些挑拨引逗的话，他心中就更加气愤，以至于不顾惜自己地去奋起争执，全然不想想富贵的人本来就是众人所攻击和不满的对象。有谚语说："一家人能够温饱，就有千家人因嫉妒而埋怨气愤。"对这样的事，只有反躬自省：我天生就获得的东西已经很多了，别人和我同生于一片天地之间，要么是亲戚，要么是邻里，却这样的失意，我不让着他，他还可能对我有所顾念礼让吗？如果存着这样的心思，深深地明白这样的道理，自然心平气和。即便有不如意的事，不中听的话，也不过像天空中的浮云一样，与我没什么关系。姚端恪公[1]曾说："正是这成就我一切善行的声名和形象，越是谦恭谨慎，以谦逊的态度待人，横祸和厄运就越

1　姚文然（1620—1678），字弱侯，号龙怀，谥端恪。江南桐城人，明崇祯十六年（1643年）进士，清初大臣，是张英父子同乡的贤达。

少来！”愿这番话能成为纷杂的世界上一剂使人清静镇定的良药。

12. 谭子《化书》训“俭”字最详。其言曰：“天子知俭，则天下足；一人知俭，则一家足。且俭非止节啬财用而已也。俭于嗜欲，则德日修，体日固；俭于饮食，则脾胃宽；俭于衣服，则肢体适；俭于言语，则元气藏而怨尤寡；俭于思虑，则心神宁；俭于交游，则匪类远；俭于酬酢，则岁月宽而本业修；俭于书札，则后患寡；俭于干请，则品望尊；俭于僮仆，则防省闲；俭于嬉游，则学业进。”其中义蕴甚广，大约不外于葆啬之道。

谭子[1]在《化书》中解释“俭”这个字最为精详。他说：“天子知道节俭，天下就会富足；一个人知道节俭，一个家庭就会富足。而且，节俭不止是节省财物用度而已。少些嗜好和欲望，德行就会日益完善，身体就会日益强健；少些饮食，就会胃口好；少些衣服，身体就会舒适；少些言语，就会保持精力而少受埋怨；少些思虑，就会心神安宁；少些交友冶游，就会远离坏人；少些应酬，就会时间宽裕而做好自己该做的事；少写些书信，就会少留后患；少些干谒请托，人品

1 谭子，即谭峭（860或873—968或976），字景升，唐末至五代道士，所著《化书》为道教重要典籍，被收入《道藏》中。

名望就会更加尊崇；少些僮仆，就少些治家之事；少些嬉戏游乐，就会学业进步。”这里面蕴含的道理很广泛，而其要旨无外乎就是珍惜俭省之道。

13. 人生髫稚，不离父母；入塾则有严师傅督课，颇觉拘束。逮十六七岁时，父母渐视为成人，师傅亦渐不严惮。此时，知识初开，嬉游渐习，则必视朋友为性命。虽父母师保之训，与妻孥之言，皆不可听。而朋友之言，则投若胶漆，契若芳兰。所与正，则随之而正；所与邪，则随之而邪。此必然之理，身验之事也。

人在年龄尚幼的时候，不离开父母身边；进入学堂则有严师督导学习，很觉得受到拘束。到了十六七岁的时候，父母渐渐将他当作一个成年人对待，师傅也逐渐不像过去一样严格教导。这时，见识初步打开，也逐渐学会了嬉戏冶游，就一定会将朋友视为性命。即便是父母老师的教导，妻子儿女的言语，都听不进去了。而朋友说的话，则觉得十分投契，如胶似漆，若芳与兰。如果交往的朋友走正道，他就跟着走正道；如果交往的朋友走邪路，他也跟着走邪路。这个道理是必然的，也是经过实践检验的事。

14. 余镌一图章，以示子弟，曰：“保家莫如择友。”盖有所叹息、痛恨、惩艾于其间也。古人重朋友，而列之五伦，谓其“志同道合”，有善相勉，有过相规，有患难相救。今之朋友，止可谓相识耳，往来耳，同官同事耳，三党姻戚耳。朋友云乎哉？

我刻了一枚图章来向子弟训示，说：“保家莫如择友。”（保持家风不堕，最重要的莫过于选择朋友。）这里面正是有所叹息、遗憾悔恨和警示戒止的意思。古人重视朋友，将之列为“五伦”之一，说朋友应该是“志同道合”的，有好的行为和目标互相勉励，有过失互相规劝，有患难之事互相救助。如今的朋友，只能说是互相认识、有所往来，或者一同为官一同做事，或者父母妻三族中的姻亲故戚罢了。朋友难道指的是这样的吗?!

15. 人生第一件事，莫如安分。“分”者，我所得于天多寡之数也。古人以得天少者谓之“数奇”，谓之“不偶”，可以识其义矣。董子曰：“与之齿者，去其角，附之翼者，两其足。”啬于此则丰于彼，理有乘除，事无兼美。予阅历颇深，每从旁冷观，未有能越此范围者。功名非难非易，只在争命中之有无。尝譬之温室养牡丹，必花头中原结蕊，火焙则正月早开，然虽开而元气索然，花既不满足，根亦旋萎矣。若本来不结花，即火焙无益。既有花矣，何如培以沃壤，灌以甘泉，待其时至敷华，根本既不亏，而花亦肥大经久。此余所深洞于天时物理，而非矫为迂阔之谈也。

人生最要紧的事，莫过于安分。所谓“分”，是指我从上天所获得的多少。古人把从上天获得的少这种情况称为“数奇”（运气不好）或“不偶”（无所遇合），从这两个词中可以了解到“分”的大意了。董仲舒[1]说：“上天赋予牛上齿，就会让它们没有角，而那些有角的牛就没有上齿；上天给予鸟类翅膀，就让它们只有两足。”在一个方面匮乏，就会在另一方面丰裕，世间自有消长的道理，而没有两全其美的事情。我所经历和看见的事情很多了，每每在旁边冷眼相看，没有能超出这个范围的。功名之事不能说是困难还是容易，只不过是争较命中有无。我曾经用温室里养牡丹来打比方。温室里养牡丹的时候，一定要是那些花头里原本就结了蕊的，点上火盆提升温度，正月里就会早早开花。然而虽然花开了，看上去却很不精神，花开得不丰满，根也很快就萎缩了。如果本来花头里没有结蕊的，即使点了火盆也没有用。既然已经有了花，哪里比得上用沃土培植，用甘泉灌溉，等时候到了，自然开花，根不会受到损害，而花也能开得更加丰满持久。这是我所深察于天定时机和事物道理所得的结论，而不是勉强所作的迂阔言论啊。

16. 曩时，姚端恪公每为余言，当细玩“不知命无以

1　董仲舒（前179—前104），西汉思想家、哲学家、政治家、教育家，著有《天人三策》《春秋繁露》等著作，将儒家思想和阴阳五行等道家学说结合，形成了一套新的思想体系，并通过建议汉武帝“罢黜百家，独尊儒术”，使之成为汉代的官方意识形态。

为君子”章。朱注最透，言不知命，则见利必趋，见害必避，而无以为君子矣，“为”字甚有力！知命是一事，为君子是一事。既知命不能违，则尽有不必趋之利，尽有不必避之害，而为忠为孝，为廉为让，绰有余地矣！小人固不当取怨于他，至于大节目，亦不可诡随，得失荣辱，不必太认真，是亦知命之大端也。

以前，姚端恪公常对我说，应该仔细把玩《论语》中“不知命无以为君子”这一章。朱熹的注解最为透彻，说不知命，就会见到利益就追逐，见到害处就躲避，就没有办法成为君子了，“为”字非常有力！知命是一回事，成为君子是另一回事。不过既然知道了命数是不能违背的，就自然有一些利益是不必去追逐的，有一些害处是不必去躲避的，而行忠孝之事，廉让之举，就有了很大的余地了！对于小人，固然不应该落他埋怨，但到了关键之处，也不应该不分是非地顺从别人的意思，得失荣辱，不必过于认真，也是知道命数的重要体现。

《澄怀园语》

张廷玉

作者小传

张廷玉（1672—1755），字衡臣，号砚斋，谥文和，安徽桐城人，清康熙朝大学士张英次子。康熙三十九年（1700年）中进士，历仕康熙、雍正、乾隆三朝，官至户部尚书、军机大臣、保和殿大学士。他“周敏勤慎，尤为上所倚”，死后配享太庙，是清代唯一得此殊荣的汉臣。张廷玉出身相门，受到良好的家庭教育。进士及第后，他为官有道，不堕家风，仕途发展犹胜乃父。作为重要的中枢大臣，张廷玉直接参与或亲眼见证了康、雍、乾三朝的许多重要政治事件，亦多见人事荣辱进退，因而有不寻常的眼界和胸襟，论及历史典故、朝野轶事，颇具独到见解。

编者按

《澄怀园语》是张廷玉修身处世、齐家为政的经验总结。张廷玉受教于乃父张英所著《聪训斋语》，受益匪浅。雍正六、七年间（1728—1729），皇帝在西郊居住，张廷玉随扈伴驾，居于澄怀园。五侄张筠在侧，随手记录他教导子侄的言论，建议他将之结集，可继《聪训斋语》之后而称为“澄怀园语”。此后，张廷玉便留心总结，“凡意念所及、耳目之所经与典籍之所载，可以裨益学问、扩充见识者，辄取片纸书之，纳蔽箧中”。如此积累十余年，遂于乾隆十一年（1746年）结集成书，命名为“澄怀园语”。在立身为人方面，《澄怀园语》主张重视内心的修养，培养善念，克制恶念；与人交往要以诚相待，对于自己力不能及的事不要随便应承，免生怨恨。在居官为政方面，主张要清正廉洁，克制欲望，抵制诱惑，同时还要以身作则，正身率下。在读书治学方面，要能够守正，不能哗众取宠，故作奇谈怪论。《澄怀园语》与《聪训斋语》一样，对张家子弟产生了重要影响。张廷玉的四个儿子若霭、若澄、若淑、若淳亦先后入朝为官，各有建树。

本书选译所依据的，是新星出版社2015年出版的《父子宰相家训》。

01. 凡人得一爱重之物，必思置之善地以保护之。至于心，乃吾身之至宝也。一念善，是即置之安处矣；一念恶，是即置之危地矣。奈何以吾身之至宝使之舍安而就危乎？亦弗思之甚矣！

所有的人得到了一件喜爱贵重的东西，都会想着放在稳妥的地方保护起来。心是我身上最宝贵的东西啊。一个念想是好的，就是把心放在安稳的地方了；一个念头是不好的，就是把心放在危险的地方了。怎么能让我身上最宝贵的东西离开安稳的地方而被放在危险的地方呢？考虑问题也太不谨慎了！

02. 昔我文端公，时时以“知命”之学，训子孙。晏闲之时则诵《论语》，曰：“不知命，无以为君子也。”盖穷通得失，天命既定，人岂能违？彼营营扰扰，趋利避害者，徒劳心力坏品行耳，究何能增减毫末哉！先兄宫詹公，习闻庭训，是以主试山左，即以“不知命”一节为题。惜乎！能觉悟之人少也。

过去，我父亲文端公[1]常常以“知命”的学问来教导子孙。

1 张英谥文端。

平时闲暇的时候，就背诵《论语》中“不知命，无以为君子也”这一章。大概一个人的困窘和通达、得到与失去，都是天命所决定的，人力哪里能违背呢？那些一味钻营，平添纷扰的人，不过是白白花费心思和力气，坏了自己的品行罢了，到底哪里能增减一分一毫的运气呢？我先兄宫詹公[1]长期受此庭训，所以主试山东的时候，就以“不知命”这一节来命题。可惜啊！能觉察明悟到此道理的人很少。

03. 一言一动，常思有益于人，惟恐有损于人。不惟积德，亦是福相。

说每一句话、行每一件事，总要想着对别人有好处，唯恐对别人有损害。这不仅是在积德，也是成就自己的福气。

04. 向日读书设小几，笔砚纵横，卷帙堆积，不免跼己之苦；及易一大几，则位置绰有余地，甚觉适意。可知天下之道，宽则能容，能容，则物安而已，亦适。虽然宽之道亦难言矣！天下岂无有用宽而养奸贻患者乎？大抵内宽而外严，则庶几矣！

过去读书安置一张小桌子，上面笔和砚台横七竖八地放着，书本纸卷堆在一起，还免不了自己也蜷缩着难受；等到

1 张廷瓒，字贞臣，号随斋，张廷玉长兄，官至詹事府少詹事，故称宫詹公。

换了一张大桌子，地方就绰绰有余，很觉得舒适惬意。由此可知，天下的道理，宽大就能容得下，容得下就能让东西安稳而自己也觉得舒适。虽然如此，宽大的道理也难以一言以蔽之。天下难道没有因为宽大而纵容奸人留下祸患的例子吗？大概内心宽大而表现得比较严格，就差不多了吧！

05. 人生荣辱进退皆有一定之数，宜以义命自安。余承乏纶扉，兼掌铨部，常见上所欲用之人，及至将用时，或罹参罚，或病，或故，竟不果用。又常见上所不欲用之人，或因一言荐举而用，或因一时乏材而用。其得失升沉，虽君上且不能主，况其下焉者乎？乃知君相造命之说，大不其然。

人生的荣耀耻辱进步退步都有一定的命数，应该安于天命。我暂时任职于中枢，兼掌吏部，常常看到皇上所想要重用的人，等到将要重用的时候，有的已经被参劾，有的生病，有的故去，最后竟然没有受到重用。又常常看到皇上所不想要重用的人，有的因为他人一句话的推荐而受到重用，有的因为一时没有堪用的人而受到重用。一个人得到和失去、在官场上的上升和下沉，即便君上也不能做主，何况地位更低的人呢？所以君主和宰相能够掌控命运这种说法，其实并非如此。

06. 为善所以端品行也。谓为善必获福，则亦尽有不获福者。譬如文字好则中试，世亦岂无好文而不中者耶？但不可因好文不中，而遂不作好文耳！

做好事，是为了端正自己的品行。说做好事一定会获得福报，那么也颇有没有获得福报的人。好比文章写得好的人能够中举，世界上难道没有写得一手好文章却没有中举的人吗？只是不能因为好文章没有中举就因此不写好文章了吧！

07. 古人以“盛满”为戒。《尚书》曰：“世禄之家，鲜克由礼。”盖席丰履厚，其心易于放逸，而又无端人正士、严师益友为之督责匡救，无怪乎流而不返也。譬如一器贮水，盈满虽置之安稳之地，尚虑有倾溢之患；若置之欹侧之地，又从而摇撼之，不但水至倾覆，即器亦不可保矣。处“盛满”而不知谨慎者，何以异是？

古人以“盛满”为戒。《尚书》说：“世代相袭、享受俸禄的家庭，很少有能够遵守礼制的。”大概祖上遗产丰厚，心就容易放纵安逸，又没有品行端正的人、严格的师长和有益的朋友为他们监督指教、挽回过失，就难怪鼎盛的局面会流逝而不复返了。好比一个容器，装水装满了，即便放在安全稳妥的地方，尚且顾虑有倾覆溢出的可能；如果放在倾斜的地方，又在一旁摇晃撼动它，不仅水会倾倒在地上，就是容器也保不住了。处于“盛满”的位置上而不知道谨慎从事的人，与这有什么区别呢？

08. 人生乐事，如宫室之美，妻妾之奉，服饰之鲜，饮馔之丰洁，声技之靡丽，其为适意者皆在外者也，而心之乐不乐不与焉。惟有安分循理，不愧不怍，梦魂恬适，神气安闲，斯为吾心之真乐。彼富贵之人，穷奢极欲，而心常戚戚、日夕忧虞者，吾不知其乐果何在也？

人生中快乐的事，如房屋的美轮美奂，妻子侍妾的体贴照顾，衣服配饰的鲜艳明丽，饮料饭菜的丰盛洁净，声色技艺的奢靡华丽，这些都是外在的舒适，而内心的快乐与否与这些无关。只有安分守己、遵循天理，心中没有愧怍，做梦的时候也恬然自适，精神气度安稳舒闲，这才是我心中真正的快乐。那些富贵的人，过着穷奢极欲的生活，而内心常常感到恐惧不安，日夜忧虑，我不知道他们的快乐到底在哪里啊。

09. 大聪明人当困心衡虑之后，自然识见倍增，谨之又谨，慎之又慎。与其于放言高论中求乐境，何如于谨言慎行中求乐境耶？

真正有大聪明的人，在苦心冥想仔细思虑之后，见识自然会成倍地增加，再谨慎也不为过。与其在放纵的高谈阔论中追求快乐的境界，哪里比得上在谨慎的言谈和行动中追求快乐的境界呢？

凤辇将临廿四桥，竹西歌吹接云霄。
欲知河伯迎銮意，一夜邗沟暗涨潮。

——张廷玉《乙酉春日，扈从圣驾南巡，恭赋纪恩述事诗》

10. 人臣奉职惟以公正自守，毁誉在所不计。盖毁誉皆出于私心，我不肯徇人之私，则宁受人毁，不可受人誉矣！

为人臣子的人，担任职事只要公正处之，守住自己的原则，毁谤和赞誉则不在考虑范围之中。因为毁谤和赞誉多是出于人们的私心，我不肯曲意顺从他人的私心，那么宁可受到毁谤，也不能受到赞誉。

11. 人以不可行之事来求我，我直指其不可而谢绝之，彼必怫然不乐。然早断其妄念，亦一大阴德也。若犹豫含糊，使彼妄生觊觎，或更以此得罪，此最造孽。人之精神力量，必使有余于事而后不为事所苦。如饮酒者，能饮十杯，只饮八杯，则其量宽然后有余；若饮十五杯，则不能胜矣。

有人以办不到的事来请求于我，我直接指出这件事不可以办而谢绝对方，对方一定愤怒不高兴。然而早早切断他不切实际的念头，也是积一桩大的阴德。如果心存犹豫，言辞含糊，使对方不切实际地生出觊觎之心，甚至因此而获罪，这是最造孽的事。人的精神和力量，一定要使之对事情有余地，这样才不会为事情所牵累苦恼。好比饮酒，能饮十杯，而只饮八杯，这样就能保持酒量宽大，并且留有余地；如果非要饮十五杯，就不胜酒力了。

12. 处顺境则退一步想，处逆境则进一步想，最是妙诀。余每当事务丛集、繁冗难耐时，辄自解曰：“事有更繁于此者，此犹未足为繁也。”则心平而事亦就理。即祁寒溽暑，皆作如是想，而畏冷畏热之念，不觉潜消。

处在顺境中的时候，就要做退一步的想法，处在逆境中的时候，就要做进一步的想法，这最是巧妙的要诀。我每每遇到事务堆积在一起，繁剧忙碌难以忍耐的时候，就这样自我开解：“事情还有比眼下更加繁剧的，眼下这些还算不上繁剧呢。”这样一来，心思自然平静，而事情也就这样料理了。在严寒和湿热酷暑之中，也都作这样的想法，那么害怕寒冷和炎热的念头也就在不知不觉中默默消减了。

13. 为官第一要“廉”。养廉之道，莫如能忍。尝记姚和修之言曰：“有钱用钱，无钱用命。”人能拼命强忍，不受非分之财，则于为官之道思过半矣！

做官的第一要务是“廉”。培养廉洁品格的方法，莫过于能忍耐。我曾经记下姚和修的话：“有钱的时候就用钱，没钱的时候就听任命运的安排。”人如果能拼命强行忍耐，不去接受自己不应得的钱财，那么在为官之道上也就领悟过半了。

14. 余在仕途久，每见升迁罢斥事，稍出人意外者，众必惊相告曰："此中必有缘故。"余笑曰："宇宙中安得有许多缘故？"而人往往不信。予曰："细思之，却有缘故。何也？命数如此，非缘故而何？"

我在官场时间长了，每每见到升迁或罢斥的事情，稍有出人意料的，大家一定会惊讶地互相议论说："这里面一定有什么大家不知道的缘由典故。"我总是笑笑说："世上万事，哪里都有许多缘由典故在里面？"别人往往不信我的话。我说："细细想来，确实也有缘由典故。是什么呢？命运天数就是这样，这不是缘由典故是什么呢？"

15. 君子可欺以其方，若终身不被人欺，此必无之事。倘自谓"人不能欺我"，此至愚之见，即受欺之本也。

君子可以用合乎情理的方法来欺骗。要说一个人一辈子不被人欺骗，这一定是不可能的。如果自己觉得"别人骗不了我"，这是最愚蠢的见识，也是受人欺骗的根本原因。

16. 凡人看得天下事太容易，由于未曾经历也。待人好为责备之论，由于身在局外也。"恕"之一字，圣贤从天性中来；中人以上者则阅历而后得之；资秉庸暗者虽经阅历，而梦梦如初矣。

所有的人把天下的事情都看得过于容易，这是由于自己云阴来坐榻，花气入窗纱。

——张廷玉《楹联一则》

没有亲身经历过。对待他人喜欢做求全责备的言论，是由于身在局外，没有体会到其中的艰难。“恕”这个字所承载的品格，圣人贤者是从天性中获得的；天赋中等以上的人是通过阅历而获得的；资质过于低劣的人即便经过阅历，也仍然像开始一样毫无觉察。

17. 李峤平日卧青绝帐，帝以为太俭，赐御用绣罗帐。峤寝其中，达晓不安，怪而生疾。此等事，人或以为矫，而以予素性论之，则知其必然。予蒙恩赐衣冠器具之华美者，对之实有局蹐不宁之意，惟有什袭珍藏，以示子孙，不敢轻自服用也。

李峤[1]平时睡在青色的粗绸制成的帷帐里，唐太宗认为他这样太过俭朴了，赐给他皇帝用的有绣纹的罗织帷帐。李峤躺在里面，整夜都不安稳，莫名其妙地生了病。这类事情，人们可能认为是矫情，而以我一向的性情来说，就知道这是必然的。我蒙受皇上施恩赏赐的锦衣华服、宝物珍器，我看着它们实在是有些局促不安的感觉，只能将它们仔细包裹起来，留着向子孙展示皇恩，不敢轻易自己拿来使用。

18. 凡人于极得意、极失意时，能检点言语，无过当

---

1 李峤（644—713），字巨山，赵州赞皇（今属河北）人，唐代诗人、大臣，累官监察御史。

之辞，其人之学问器量，必有大过人处。

那些在非常得意或非常失意的时候，还能够言行谨慎，不说有失妥当的话的人，他的学问和气度，一定有很大的过人之处。

19. 予生平登山游览，祇至半山，而不登其巅；入寺登塔，亦止于一二层，而不蹑其顶。盖身体羸弱，不敢为竭力事。且承先人训，时存知足之心，切凛高危之戒也。不意中年，受国家厚恩，官阶荣显，超轶等伦，尝清夜自思，汗流浃背。叹曰：竟造浮图绝顶，高出云表矣！是岂予之初心哉。”

我一生登山游览，都只到半山腰就停下来，而不登上巅峰；到寺庙里去登塔，也在一二层就停下，而不登上塔顶。这大概是因为我身体羸弱，不敢做那些用尽气力的事。而且承教于先人，常常存着知道满足的心思，仔细敬畏地遵守位居高处就有危险的教训。没想到人到中年，受国家深厚的恩惠，官做到了荣耀显赫的品阶，超过了同侪。深夜自己琢磨起这些事来，因为惶恐而汗流浃背，感叹道：“竟然登上了佛塔的绝顶，高高地处在云端了。这哪里是我最初的心意啊！”

20. 吕叔简曰：“做官大都是苦事，为官原是苦人。官职高一步，责任便大一步，忧勤便增一步。圣贤胼手胝足，劳心焦思，惟天下之安而后乐；众人快欲适情，身尊家润，惟富贵之得而后乐。”予爱其语，书一通于座右。

吕叔简[1]说：“做官都是痛苦的事，为官的原本是辛苦的人。官职更高一点，责任就更大一点，所需的忧思和勤慎就更多一点。圣贤做官极其辛苦，手掌和脚底都磨出了老茧，忧心苦思，只有在天下都安定之后才能感到快乐；普通人做官满足自己的欲望，放纵自己的情绪，使自己得到尊贵的地位，改善家庭生活水平，只要得到了富贵就感到快乐。”我喜欢他这番话，写下来摆在桌边。

21. 山东曹县吕道人，不知其年，问之亦不以实告，大约在百龄内外。……以针砭为人疗病，辄效。赠以财物不受，曰：“天下之物，那一件是我的！”人曰：“聊以表吾心耳！”答曰：“天下之物，那一件是你的！”此二语，予最爱之，可以警觉天下之贪取妄求而不知止足者。

山东曹县有位姓吕的道人，不知道多大年纪了，问他他也不如实相告，大概在百岁左右吧。……吕道人以针砭为人治

1 吕坤（1536—1618），字叔简，一字心吾、新吾，号抱独居士。归德府宁陵（今河南商丘宁陵）人，明代文学家、思想家、大臣。万历二年（1574年）中进士，官至刑部左、右侍郎。为当时大儒，与沈鲤、郭正域并称万历年间“三大贤”。

病，即刻见效。被治好的人送他财物，他不接受，说："天下的东西，哪有一件是属于我的！"别人说："只不过是表达一点心意而已！"吕道人回答："天下的东西，又有哪一件是你的！"这两句话，我最喜欢，可以警醒天下那些贪婪索取和不切实际地追求而不知道满足的人。

22. 凡人度量广大，不嫉妒，不猜疑，乃己身享福之相，于人无所损益也。纵生性不能如此，亦当勉强而行之。彼幸灾乐祸之人，不过自成其薄福之相耳，于人又何损乎？不可不发深省。

那些度量宽广博大，不嫉妒猜疑别人的人，是自己享有福泽的表现，对别人无所谓好坏。纵然生性不是这样的，也应该努力去这样做。那些对别人幸灾乐祸的人，不过是养成自己缺少福泽的德行罢了，对别人又有什么损害呢？关于这一点，不可不深思反省。

23. 司马温公曰："受人恩而不忍负者，其为子必孝，为臣必忠。"又曰："言不可不重也。夫钟鼓叩之而后鸣，铿訇镗鞳，人不以为异；若不叩自鸣，人孰不谓之妖耶？可以言而不言，犹之叩而不鸣也，亦为废钟鼓矣！"又《无为赞》曰："治心以正，保躬以静；进退有义，得失有命；守道在己，功成在天。夫复何为？莫非自然？"此数则皆格言中之浅近可行者，当书之座右。惟是“受人恩而不忍负”一语，其中正自有道。当受恩之时，必审视其人，可受而后受之；若不可受而亦受，而时存不忍负之心，必至牵缠局蹐，身败名裂，载胥及溺，不可不慎也。

司马光说：“受过他人的恩惠而不忍心辜负（他人请托）的人，做儿子一定很孝顺，做臣子一定很忠诚。”又说：“说话这件事不可以不重视。钟鼓敲了才会响，纵使发出的声音铿然洪亮，人们也不觉得怪异；如果不敲就响了人们难道不觉得有妖异吗？该说的话而不说，就好像敲了钟鼓却不响，就是坏掉的钟鼓了。”另外，《无为赞》[1]说：“用正来修养内心，以静来保养身体；仕途上的进退自有道理，人生的得失自有命数；遵守大道在于自己，而能否成功取决于上天。我们还能做什么呢？这一切都是自然的。”这几句都是格言中意思浅近可以施行的，应该写下来摆在桌上作为镜鉴。特别是“受过他人的恩惠而不忍心辜负（他人请托）”这句，其中正有一番道理。在受人恩惠的时候，一定要考察这个人，可以接受才接受；如果不可以接受却还是接受了，而时常存着不忍辜负之心，一定会落得牵扯进繁杂的事件里而倍感局促，甚至身败名裂，走向沉沦的下场，这一点不可以不慎重。

1 《无为赞》，又称《无为赞贻邢和叔》，是司马光赠给邢恕（字和叔）的一篇短文，作于元丰八年（1085年）。

24. 古人云："教子之道有五：静其性；广其志；养其材；鼓其气；攻其病。废一不可。"

古人说："教养子弟的方法有五个方面：使他的性情稳定安宁；使他的志气广阔宏大；养成他的才干；鼓动激励他的勇气；批评他的过失不足使之改正。这五个方面缺一不可。"

《陈宏谋家书》

陈宏谋

作者小传

陈宏谋（1696—1771），原名弘谋，后因避乾隆皇帝讳改宏谋。字汝咨，号榕门，广西临桂（今桂林）人。雍正元年（1723年）中进士，官至东阁大学士、工部尚书，后因病致仕，谥文恭。清朝中叶有代表性的地方官员、学者和思想家。陈宏谋长期担任地方官员，先后任扬州知府、江南驿盐道、云南布政使、江苏按察使、江宁布政使，甘肃、江西、陕西、湖北、河南、福建、湖南、江苏等省巡抚，陕甘、两广、两江、湖广等地总督，任经十二行省，卓有政绩。乾隆皇帝亲书诗词，称赞他“允惟力沟洫，才可课耕桑”。

陈宏谋深孚名望的作品是他在公余之际辑录前人在修身养性、读书齐家等方面的著述，编订而成的《五种遗规》，集中反映了中国传统社会在自我道德行为修养方面的理念，问世后即成为当时启蒙教育的教材，清末新学堂兴起后，仍将其作为修身教材，影响深远。

编者按

《陈宏谋家书》是陈宏谋传世家书的汇编，收录陈宏谋自乾隆十九年（1754年）至乾隆三十四年（1769年）间寄给其嗣子陈钟珂等的家书20封，内容包括自叙居官生活，教导子弟读书，关心家庭经济情况等，生动地表现了一位长期在外地做官的老人对家庭的牵念。虽名为“家书”，但其为子孙留下的家训思想尽述于其中。在科举是选拔人才唯一途径的时代，陈宏谋非常重视子弟教育，要求他们勤于读书，但这不只是为了登科进仕，追求虚名，更重要的是要他们提升道德文化修养，成为有用的人。陈宏谋为官清廉，要求家人勤俭自律，但不要吝啬钱财，乡里有事要慷慨解囊。陈宏谋自叙为官的经历，认为要尽可能为百姓办实事，不能贪图安逸。他居官多年，感念皇恩，在家书中不吝笔墨地记录了一些君前奏对的细节。

本书选译所依据的，是广西师范大学出版社1997年整理出版的《陈宏谋家书》。

01. 总是读了许多书不能变化气质。其不能变化气质，则由见解不广、不大，故刻刻皆气性用事也。

读了许多的书还不能使气质修养发生改变，是由于见识不够广泛宏大，因此时时刻刻都将气性用出来的缘故。

02. 到家以后，行止坐卧总不离书本方好。纵有往来酬应，稍可抽身即亲书籍。丢荒半日，必要补足，才可谓之好学。吾向年觉得外务皆可缓可缺，而每日读书工夫不可缓，亦不肯缺者，非不近人情也，心乎好之，乐此不疲耳。必如此才有进益。

到家里之后，无论做什么都不要离开书本才好。即便有人情往来上的应酬，稍有空闲也应该立刻拿起书来。荒废了半天的光阴，一定要补回来，这才算得上是好学。我过去一直认为，外在的事务都可以缓一缓，甚至可以缺失，而每天读书的功夫却不能缓下来，也不能缺失，这不是不近人情，心里真的喜爱，对读书是乐此不疲的。一定要这样才能有进步。

03. 自总角受学以来，未曾一日无师，未曾一日不读书，更未曾有无书可读之苦。就所读之书，亦自不少，毋轻小节，毋骛速成，循循规矩。虽蒙养之事，而凡所以笃伦理，砥躬行，兴道艺者，悉已引其端，由是以之于大学之途庶几源，洁流清，于世教不无少助乎？钦惟圣天子昌明理学，文治日新，备员圻辅，分路扬镳，循行风俗，与有人才之责焉。

——陈宏谋《养正遗规》序

性灵尽可读书，而未能出人头地，非自己工夫不纯熟之故乎！中与不中，故有定数，所紧要者，终在将来学业精进，做一个可止可仕，有体有用之人，才是吾之期望。目下得第与[否]非不切望，然吾意实不止此也。

（你）从总角[1]之年读书以来，没有一天没有老师在旁指导，没有一天不读书，更没有过无书可读的苦恼。这些年来所读的书，自然也是不少，性情灵动，又尽可以读书，而没能出人头地，不是因为自己的功夫还没有下到的缘故吗！这次考试中不中，自有定数，真正要紧的，到底还是将来学业能不断精进，成为一个既能退守又能入仕，既有道德修养又有治世才干的人，才是我对你的期望。对于眼下这次考试能否中第，我不是没有殷切的期望，只是我的意图不止于此。

04. 王府坪房屋想已完工，墙基不必求多，能如前约可矣。所争几寸亦不必较，终身让到底，所亏亦有限。

王府坪的房子想来也已经完工，墙基不用要求太多，能像一开始说好的那样就行了。不必为了几寸的高低去计较，一辈子谦让到底，所受的亏损也是有限的。

---

1 总角：古代未成年人将头发分成两半，各扎一发髻在头顶，形如羊角，故称“总角”，泛指八九岁到十三四岁的年纪。

05. 连次召见，所问中外事，惟就所知见以对，不欺人，亦不害人。每次奉派挑选，惟有概谢嘱托。空空洞洞，人之怪与否，所不计。只求此心无他，可以对至尊耳。

连续几次被皇上召见，问及朝中和外面的事务，我都只就自己所知道和看见的回答，不欺瞒皇上，也不加害同僚。每次奉命挑选举人，也都只能一概谢绝他人的嘱托。空空洞洞，别人怪罪我与否，我都在所不计。只希望此心没有杂念，可以坦然面对皇帝罢了。

06. 闻至期有演戏之举，如此上寿，远近难得，郑重热闹亦所宜然，但家乡非城市可比（贫乏艰难），一有唱戏之举，远近村坊不免受累，费财劳众，又非祝寿之本意。闻从前，于本村中每家酌帮钱米，以作款客之用，实为远近同乐又彼此相安。但恐此时家中未必能有此力量，仍不如乡下不唱戏为妥。

听说到时候有演戏的安排，这样的高寿[1]，在远近乡里都算是难得的，郑重其事地庆祝也是应该的，但是我们家乡下不比城市，物资贫乏，生计艰难，一旦请人来演戏，远近的村社都难免受牵累，花费钱财、劳动众人，这就不是庆祝寿

1 时陈宏谋长兄陈宏鉞九十整寿，家中准备庆祝。

诞的本意了。我听说从前有向本村中各家酌情提供钱米，用于待客的办法，其实是为了远近乡邻能同乐又彼此相安。但恐怕现在家中没有这个能力，仍旧不如以乡下不演戏为稳妥。

07. 九月寿辰势所不容已，竟至戏筵六日！诸物甚贵，费至一千四五百两！……若以此银仿照大太爷前岁将所费作为修理桥路，岂不经久有益耶？悔之晚矣！

九月生日的时候迫于情势[1]不得不大操大办，竟然到了一连六天唱戏饮宴的地步！各项事物都价格不菲，花费达到了一千四五百两！如果把这些钱仿照前年大哥做的那样用于造桥修路，难道不是更有持久的意义吗？现在后悔也晚了！

08. 能耐烦劳，而又责己恕人，此中造无量之福，不专在家庭骨肉间，而于家庭骨肉间尤不可少此一段工夫也。此理甚大，做得一分，有一分之意，行得一日有一日之益，留意勉之。近看似乎吃亏，远计终有便宜也。

能够耐得住烦难劳苦，而又能严于律己、宽恕待人，这种修养可以产生无限的福泽，不仅仅在家庭亲属之间，而在家庭亲属之间，尤其不能缺少这样一种修养。这个道理非常

---

1 乾隆三十年（1765年），陈宏谋在北京度过了75岁生日，乾隆皇帝亲书“硕望延祺”的匾额，作为祝贺和赏赐，同僚同乡争相贺寿，为表达对皇帝的感恩，陈宏谋不得不大举庆祝了生日。

重大，做到一分，就有一分的意境，力行一天，就有一天的进步，要留意努力去做。短期看来好像吃了一点亏，长久考虑总是有便宜之处的。

09. 最怕者，不愁吃，不愁穿，也不念吃从何来，穿从何来，而一切器物、家务则立定主意不肯多管。所以人愈多而愈无人管事。其实并无真难管之事，只是不肯在心，视同寄住之客人，此吾生平最恨也！近来未免常以此生闷。想家中排场亦大约相同，竟须时时破口说说！若得将此习减去一二分，则家中受一二分之益。家与国无二理也。朝廷设官非不多也，而不以民事为事，止图“自了”，以为得计，则民不受官之益，反觉多官之为累矣。直谓之无良心可也。

最怕的是那些不愁吃、不愁穿，也不想想吃是从哪来的、穿是从哪来的，对于家中的一切器物、事务都打定主意不多管的人。这样一来，家里人越多，反而越没有人管事。其实家里并没有什么真正难管的事，只是大家都不上心，把自己当成是寄住的客人，这是我这辈子最讨厌的事！近来不免经常因为这事感到烦闷。想来家里的场面事情大都相同，没什么出奇的，竟然需要不时地出口命令！如果能将这种习气减少一二分，家里就能获得一二分的好处。家与国是一个道理。朝廷设置的官职不少，但如果官员不把老百姓的事当事，只求自己安稳舒适，以为自己的小算盘得逞，却不知道这样一来，老百姓没有从官员处获得庇护，反而会觉得当官拿俸禄的人多了是自己的负累。这样的人当官真可以说是没良心了！

10. 原不甚忙，苦于记性更差，随说便忘，看书解闷，随看随忘，有看到后面即忘记前面者。始知前此壮盛，精神足则聪明亦足，智虑亦足，今则不可再得。悔前此何以不上紧用功，何以不上紧办事！办得一件即得一件，似无益于己。而有益于人，即系有益于己。今则明知有益而力不从心矣。前此亲友及家中诸人，无不以我过于认真、太喜办事。幸而如此，尚有一一办就之事，十件中必有数件有益，可以垂之将来者。若当日一入官场即作“自了汉”，只图己身不受烦劳，不耽干系，稍有烦劳干系，便不肯办，则今日岂能免于“宝山空归”之悔耶？岂不辜负了我祖、父费心吃苦盘我读书，望我成名一场？更重负了皇上任用之恩，半生之爵禄，一门之衣禄耶！且忆我自五岁入书堂，年年苦读，所读之书，句句讲求，所作之文，篇篇要好，幸而成名。只博得此虚名虚位，饱暖一生而已。若论饱暖，命中注定，即不读书、不应考亦未即至饥寒。岂可以受爵食禄即为了一生之大事耶？

原本不怎么忙碌，苦于现在记性更差了，话刚说了就忘，看书解闷，也是边看边忘，有时候看到后面就忘了前面。这才知道原先年轻力壮的时候，精神完足听力视力都好，智慧思考也充分，这样的状态如今却已经不能再有了。后悔原先为什么不抓紧时间用功读书，为什么不抓紧时间办事！事情办一件就算完成一件，似乎对自己没有好处。但是对别人有好处，也就是对自己有好处。如今却明知道有好处，想办也力不从心了。原先亲戚朋友和家里人，没有不认为我太过认真，太喜欢办事的。幸好这样，过去逐一办成的事，十件里头总有几件是好的，可以传于后世。如果当初一进入官场就开始做只顾自己的“自了汉”，只求自己不受烦难劳累，不承担一点干系，稍有烦难劳累、干系重大的事，就不肯去办，那么今天怎么能免除“入宝山而空归”的遗憾呢？这样一来，难道不是辜负了我爷爷和父亲辛苦供我读书，期望我成名的努力吗？更是严重地辜负了皇上任用我的大恩，辜负了授予我的半辈子官爵俸禄和一家人的衣食用度啊！而且，回想起来我从五岁进入学堂，年年苦读，所读的书，每一句都务求深刻理解，所写的文章，每一篇都要求精益求精，幸而科举扬名。如果不做实事，那么这样的辛苦只换来一些虚无的名声和官位、一辈子的衣食无忧而已。但衣食无忧原是命中注定的，即使我不读书、不参加科举，也未必会忍受饥寒，又怎能将领受官位和俸禄当作一生的大事呢？

11. 好名声是不可少的。至于“利”字则不能强，亦不必设计苦求，命中原有定数。况天下未有官久而至于乏衣食者。只怕苦心求利，不顾声名，转至后来衣食不继，面目可憎，难以见祖宗，难以见亲友耳。

好的名声是不可或缺的。至于“利”就不能强求了，也不必苦心计划去获得，命中自有定数。况且天下没有人长久做官还会缺衣少食的。就怕苦心追求利益，不顾惜声誉和名望，最后反而落得衣食不继、面目可憎，难以面对黄泉下的祖宗，也难以面对世间的亲朋好友了。

12. 毕竟精神不济。□□忘记事情，而说话则有前无后，笔下亦写不出。始悔从前要做便做，可以如意，不仗别人，而彼时仍不免有因循误事之处。又幸从前于有益之事，时时要办，人不能阻，自己亦不肯甘休，故勉强行之，所到处犹有一二件可以问世，可以问心。若彼时听友人相劝，诸事可以不必，何苦过于费心，则定无一措施之事，岂不更觉宝山空归，虚度光阴耶？悔之无及耶！

现在到底是精力不济，总是忘记事情，说话有一句没一句，写文章也觉得困难。从前做事想到就能做到，可以随自己的心意，不仰仗别人帮忙，现在才懊悔那时候不免有因循守旧而耽误了事的地方。又庆幸从前对于有好处的事情，总想要办，别人拦也拦不住，自己也不肯善罢甘休，因此总能勉力办成，所到任的地方总有一两件事办得可以传之于世，可以问心无愧。如果当时就听朋友的劝告，所有的事都不是必须的，何苦过于花费心思，那么一定没有什么办得成的事，岂不是更觉得入宝山而空回，虚度了这么多年的光阴吗？那古今之治化见于风俗，天下之风俗征于人心。人心厚，则礼让兴而讼端息矣。宏谋前奉恩命，司臬三吴，亲承天语，谆谆以惟平惟允，刑期无刑为训勉。敬志于心，刻弗敢忘。赴苏之后，清理积案，不下数千余件。反复推究，始知狱讼繁多，良由人心渐习于浮薄。

——陈宏谋《训俗遗规》序

样的话后悔就更没边了啊！

13. 吾今看书虽不能记而不肯不看；究竟看而不能记，增有所得，比不看者较好。吾因此不解诸人之终岁闲闷，不肯一亲书卷，竟似自己学问已足，才识已竟，何必看书？

我现在看书即便记不住也不能不看；坚持看书而记不住，不能有所收获，也比不看书要好一些。我因此不能理解许多人一年到头清闲烦闷，也不肯稍稍读一点书，竟然好像自己的学问已经足够，才华见识已经完备，何必再看书一样。

《曾文正公家训》

曾国藩

作者小传

曾国藩（1811—1872），初名子城，字伯涵，号涤生，谥文正，湖南湘乡人。近代政治家、战略家、理学家和文学家，晚清同光中兴和汉族权臣崛起的重要代表人物。道光十八年（1838年）中进士，官至两江总督、直隶总督、武英殿大学士，封一等勇毅侯。

曾国藩“了却君王天下事”的功业，在于编练湘军，平定太平天国起义，恢复清王朝对全国的统治，而真正使他“赢得生前身后名”的贡献，在于他认识到学习西方先进技术的重要性，积极举办洋务，为中国的军事和教育近代化奠定了重要基础。在成就功业的同时，曾国藩杰出的人格修养堪称楷模，他所撰写的日记和家书，也成为后世人们增进道德修养、追求建功立业的重要参考。

编者按

《曾文正公家训》采撷自曾国藩写给两个儿子纪泽和纪鸿的家书，由李翰章编纂，李鸿章校刊。曾国藩十分关注两个儿子的学业，不仅指定应学习的书目，还就具体的问题提出自己的见解，对儿子的疑惑给予解答，甚至示范写字方法等，舐犊之情跃然纸上。曾国藩教育儿子谨守勤、俭二字，保持寒素家风，不要沾染不良习气。虽然门第日显，但要时刻谨慎，作退一步的想法。曾国藩要求家庭内部休戚与共和睦相处，与邻里相处也要互相帮衬，对于公共事务要尽力支持。曾国藩特别强调做事持之以恒，只有这样才能有所成就，这不仅是曾国藩对儿子最宝贵的教导，也是他留给后人最重要的思想财富。曾国藩的长子曾纪泽后来成为晚清著名外交家，次子曾纪鸿在数学上造诣颇深，可惜英年早逝。

本书选译所依据的，是中国书店2011年整理出版的简体横排版《曾文正公家训》。

家训选译

01．凡人多望子孙为大官，余不愿为大官，但愿为读书明理之君子。勤俭自持，习劳习苦，可以处乐，可以处约，此君子也。余服官二十年，不敢稍染官宦气习，饮食起居尚守寒素家风，极俭也可，略丰也可，太丰则吾不敢也。凡仕宦之家，由俭入奢易，由奢返俭难。尔年尚幼，切不可贪爱奢华，不可惯习懒惰。无论大家小家，士农工商，勤苦俭约未有不兴，骄奢倦怠未有不败。

人们都盼望子孙能够做大官，我不希望你们做大官，只希望你们成为能读书、明白事理的君子。能够做到勤劳俭朴、自我克制，能够承受劳累和辛苦，能够适应舒适的环境，也能够适应俭朴的环境，这就可以算是君子了。我做官二十年，不敢稍微沾染一丁点官场上的不良习气，平时饮食生活尚且坚持遵守清寒朴素的家风，非常俭朴也行，稍微丰盛一点也行，但特别丰盛我就不敢承受了。官宦人家，家风由俭朴变得豪奢是很容易的，但由豪奢退回到俭朴中就很难了。你年纪还小，千万不可以贪恋爱慕奢侈豪华的东西，不可以养成懒惰的习惯。不论是大家族还是小门小户的人家，不论士农工商哪个阶层，只要能坚守勤劳艰苦、俭省朴素的家风，没有不兴旺发达的，而那些骄奢淫逸、懒惰懈怠的人家，没有不败落的。

02. 凡富贵功名皆有命定，半由人力半由天事。惟学作圣贤全由自己作主，不与天命相干涉。吾有志学为圣贤，少时欠居敬工夫，至今犹不免偶有戏言戏动。尔宜举止端庄，言不妄发，则入德之基也。

人所能获得的富贵和功名都是有命数的，一半由着个人的努力，一半由着天命。只有学着做圣贤这件事是全部由自己做主的，与天命没有什么关系。我有学着做圣贤的志向，年少时缺少持身恭敬的功夫，到现在还免不了偶尔说一些不严肃的话，做一些不严肃的事。你应该保持举止端庄，不随便说话，这样才能打下道德修养的基础。

03. 至于作人之道，圣贤千言万语，大抵不外敬、恕二字。“仲弓问仁”一章，言敬、恕最为亲切。自此之外，如立则见其参于前也，在舆则见其倚于衡也。君子无众寡，无大小，无敢慢，斯为泰而不骄；正其衣冠，俨然人望而畏，斯为威而不猛。是皆言敬之最好下手者。孔言欲立立人，欲达达人；孟言行有不得，反求诸己，以仁存心，以礼存心，有终身之忧，无一朝之患。是皆言恕之最好下手者。尔心境明白，于恕字或易著功，敬字则宜勉强行之。此立德之基，不可不谨。

说到做人的道理，圣贤说过许多的话，大概都不超出敬、恕这两个字的意蕴。《论语》“仲弓问仁”[1]一章，说敬、恕的道理最为切近明白。除此之外，“立，则见其参于前也，在舆，则见其倚于衡也”[2]，“君子无众寡，无大小，无敢慢，斯为泰而不骄；正其衣冠，俨然人望而畏，斯为威而不猛”[3]。这两章阐明敬的道理，是最容易理解和施行的。孔子所说的“己欲

---

1 “仲弓问仁”一章出自《论语·颜渊》，原文是：仲弓问仁。子曰：“出门如见大宾，使民如承大祭。己所不欲，勿施于人。在邦无怨，在家无怨。”仲弓曰：“雍虽不敏，请事斯语矣。”意思是，仲弓问什么是仁，孔子说：“走出家门就好像要见重要的客人一样严肃，使役人民就好像承担重大的祭祀一样郑重。自己不想要的，不强加于他人。在国中不受怨恨，在家中不受怨恨。”仲弓说：“我虽然迟钝，也要奉行这些教导。”

2 语出《论语·卫灵公》，原文是：子张问行。子曰：“言忠信，行笃敬，虽蛮貊之邦行矣；言不忠信，行不笃敬，虽州里行乎哉？立，则见其参于前也；在舆，则见其倚于衡也。夫然后行。”子张书诸绅。意思是，子张问如何才能通达。孔子说：“说话忠诚守信，做事笃实恭敬，即便是南蛮北狄之地也能够获得通达；说话不诚实守信，做事不笃实恭敬，即便在自己的乡里能通达吗？站立的时候，这些准则就好像耸立在眼前；坐车的时候，这些准则就好像铭刻在车前的横木上。这样才能通达。”子张将这番话写在自己的大腰带上。

3 语出《论语·尧曰》，原文是：子张问于孔子曰：“何如斯可以从政矣？”子曰：“尊五美，屏四恶，斯可以从政矣。”子张曰：“何为五美？”子曰：“君子惠而不费，劳而不怨，欲而不贪，泰而不骄，威而不猛。”子张曰：“何为惠而不费？”子曰：“因民之所利而利之，斯不亦惠而不费乎？择可劳而劳之，又怨谁？欲仁而得仁，又贪焉？君子无众寡，无大小，无敢慢，斯不亦泰而不骄乎？君子正其衣冠，尊其瞻视，俨然人望而畏之，斯不亦威而不猛乎？”意思是，子张询问孔子说：“怎样才能治理国政呢？”孔子说：“尊奉五种美德，摒弃四种恶习，这样就可以治理国政了。”子张说：“是哪五种美德呢？”孔子说：“君子施加恩惠而不浪费，使役人民而不招致怨恨，有欲望而不贪婪，安详而不骄矜，威严而不凶猛。”子张说：“怎样才能做到惠而不费？”孔子说：“就着人民有利的地方去给他们利益，不就施加恩惠而不浪费了吗？选择人民能够承担劳役的时候使役他们，又何来怨恨呢？希求仁义而得到了仁义，还贪婪什么呢？无论面对的人是多是少、势力是大是小，君子都不敢轻忽怠慢，这不就是安详而不骄矜吗？君子端正自己的衣冠，保持庄重的仪态，严肃的样子使人望而生畏，这不就是威严而不凶猛吗？”

立而立人，己欲达而达人”[1]；孟子所说的“行有不得，反求诸己”[2]，“以仁存心，以礼存心”，“有终身之忧，无一朝之患”[3]。这都是阐明恕的道理最容易理解和施行的。你的心境光明，在恕字上或许容易有所成就，对于敬字则应该勉励施行。这是树立道德的基础，不能不谨慎。

1　语出《论语·雍也》，原文是：子贡曰：“如有博施于民而能济众，何如？可谓仁乎？”子曰：“何事于仁，必也圣乎！尧、舜其犹病诸！夫仁者，己欲立而立人，己欲达而达人。能近取譬，可谓仁之方也已。”意思是，子贡说：“如果君主能够广泛地施加恩惠于人民，并且能够赈济大众，怎样啊？可以说是仁吗？”孔子说：“这何止是仁，这一定是圣人的作为了！尧、舜大概也做不到！所谓仁，自己想要立身从而去帮助他人立身，自己想要通达从而帮助他人通达。能够就近取自己身上的例子，可以算是成就仁的途径了。”

2　语出《孟子·离娄上》，原文是：孟子曰：“爱人不亲，反其仁；治人不治，反其智；礼人不答，反其敬。行有不得者，皆反求诸己，己身正而天下归之。”意思是，孟子说：“爱护他人却得不到亲近，应该反省自己是否做到了仁；治理国家却没有政绩，应该反省自己的举措是否明智；礼遇他人却不得到回应，应该反省自己是否做到了恭敬。凡是所做而得不到回应的事，都应该返回来从自己身上寻求原因。自己行事端正了，天下才会归服。”

3　语出《孟子·离娄下》，原文是：孟子曰：“君子所以异于人者，以其存心也。君子以仁存心，以礼存心。仁者爱人，有礼者敬人。爱人者人恒爱之，敬人者人恒敬之。有人于此，其待我以横逆，则君子必自反也：我必不仁也，必无礼也，此物奚宜至哉？其自反而仁矣，自反而有礼矣，其横逆由是也，君子必自反也：我必不忠。自反而忠矣，其横逆由是，君子曰：‘此妄人也已矣。如是，则与禽兽奚择哉？于禽兽又何难焉？’是故君子由终身之忧，而无一朝之患也。”意思是，孟子说：“君子之所以不同于常人的地方，在于他所存的心。君子把仁存于心中，把礼存于心中。仁者爱护他人，有礼的人敬重他人。爱护他人的人，他人也一直爱护他；敬重他人的人，他人也一直敬重他。在这种情况下，有个人对我蛮横无理，君子一定会自己反省：这一定是因为我不仁，一定是因为我无礼，不然怎么会有此遭遇呢？通过反省而做到了仁和有礼，还被蛮横无理地对待，君子一定会自己反省：这一定是因为我没有尽心。通过反省做到了尽心，还被蛮横无理地对待，君子就会说：‘这个人不过是个狂妄的人罢了。这样的人和禽兽有什么不同呢？和禽兽又有什么可生气的呢？’因此，君子有终身的忧虑，而没有一时的担心。”

04. 余生平有三耻：学问各途，皆略涉其涯涘，独天文、算学，毫无所知，虽恒星五纬亦不识认，一耻也；每作一事，治一业，辄有始无终，二耻也；少时作字，不能临摹一家之体，遂致屡变而无所成，迟钝而不适于用，近岁在军，因作字太钝，废阁殊多，三耻也。尔若为克家之子，当思雪此三耻。

我这辈子有三件耻辱：学问的各个门类，都有所涉猎，只有天文和算学，一无所知，连恒星和金木水火土五星都认不全，这是第一耻；每次做一件事、治理一项事业，常常有始无终，这是第二耻；年轻时写字，不能专注于临摹一家字体，以至于经常变化字体而无所成就，写字缓慢笨拙而不切实用，最近几年在军中，因为写字笨拙，写废的纸张特别多，这是第三耻。你如果要做能够继承家业的儿子，应该想着洗雪这三件耻辱。

05. 凡作一事，无论大小难易，皆宜有始有终。

只要做一件事，不论大事小事、困难还是容易，都应该有始有终。

06. 余因去年在家，争辨细事，与乡里鄙人无异，至今深抱悔憾。故虽在外，亦恻然寡欢。尔当体我此意，于叔祖、各叔父母前尽些爱敬之心。常存休戚一体之科名有无迟早，总由前定，丝毫不能勉强。吾辈读书，只有两事：一者进德之事，讲求乎诚正修齐之道，以图无忝所生；一者修业之事，操习乎记诵词章之术，以图自卫其身。进德之事难以尽言，至于修业以卫身，吾请言之：卫身莫大于谋食。农工商，劳力以求食者也；士，劳心以求食者也。故或食禄于朝，教授于乡，或为传食之客，或为入幕之宾，皆须计其所业足以得食而无愧。

——曾国藩《道光二十二年九月十八日致诸弟》

念，无怀彼此歧视之见，则老辈内外必器爱尔，后辈兄弟姊妹必以尔为榜样，日处日亲，愈久愈敬。

我因为去年在家的时候，和家人争辩一些小事，和乡里的粗俗之人无异，到现在还深深感到后悔遗憾。所以虽然现在在外面了，也觉得悲伤少欢。你应该体会我的这种心意，在叔祖、叔父母跟前尽一些敬重爱戴的心意。心里总要怀着一家人休戚与共的想法，不要有互相歧视的想法，这样老辈和内外亲戚就一定会器重爱护于你，后辈的兄弟姐妹一定会以你为榜样，长期相处就会越来越亲切，越来越敬爱你。

07. 尔读书记性平常，此不足虑。所虑者第一怕无恒，第二怕随笔点过一遍，并未看得明白。此却是大病。若实看明白了，久之必得些滋味，寸心若有怡悦之境，则自略记得矣。尔不必求记，却宜求个明白。

你读书的记忆很一般，但这不值得焦虑。所应该考虑的首先是怕没有恒心，其次是怕粗浅地逐句读过一遍，却没有看明白。这才是大的问题。如果确实看明白了，时间长了一定能体会到一些滋味，心里如果有怡然喜悦的境界，就自然能大略记得起了。你不一定要求记忆，但应该要求明白。

08. 余生平坐无恒之弊，万事无成。德无成，业无成，已可深耻矣。逮办理军事，自矢靡他，中间本志变化，求业之精，别无他法，曰专而已矣。谚曰『艺多不养身』，谓不专业。吾掘井多而无泉可饮，不专之咎也。诸弟总须力图专业。如九弟志在习字，亦不必尽废他业，但每日习字工夫，断不可不提起精神，随时随事，皆可触悟。四弟、六弟。吾不知其心有专嗜否？若志在穷经，则须专守一经；志在作制义，则须专看一家文稿；志在作古文，则须专看一家文集。作各体诗亦然，作试帖亦然，万不可以兼营并骛，兼营则必一无所能矣。

——曾国藩《道光二十二年九月十八日致诸弟》

尤无恒之大者，用为内耻。尔欲稍有成就，须从有恒二字下手。

我这辈子因为没有恒心的缺点，什么事都办不成。德行修养没有成就，事业也没有成就，已经足以深感耻辱了。等到办理军务的时候，立定志向绝不变心，其间本来的志向变化，实在是特别没有恒心的行为，是内心的耻辱。你要想稍微有点成就，一定要从有恒心开始努力。

09. 昔吾祖星冈公最讲求治家之法，第一起早，第二打扫洁净，第三诚修祭祀，第四善待亲族邻里。凡亲族邻里来家，无不恭敬款接，有急必周济之，有讼必排解之，有喜必庆贺之，有疾必问，有丧必吊。此四事之外，于读书、种菜等事尤为刻刻留心。故余近写家信，常常提及书、蔬、鱼、猪四端者，盖祖父相传之家法也。

过去我祖父星冈公[1]最讲究治家的方法，第一要早起，第二要把家里打扫干净，第三要诚心举行祭祀，第四要善待亲戚族人和邻居。亲戚族人和邻居来家里，没有不恭敬地好好招待的，有困难的一定要给予帮助，有争端的一定要从中调

1　星冈公，曾国藩祖父曾玉屏，号星冈，是对曾国藩性格形成有重要影响的人物。

解，有喜事的一定要庆祝恭贺，有疾病的一定要关心，有丧事的一定要去吊唁。这四件事之外，读书、种菜等事情也要始终留心。所以我最近给家里写信，常常提到读书、种蔬菜、养鱼、喂猪这四件事，也是传承祖父定下的规矩吧。

10. 余自从军以来，即怀见危授命之志。丁、戊年在家抱病，常恐溘逝牖下，渝我初志，失信于世。起复再出，意尤坚定。此次若遂不测，毫无牵恋。自念贫窭无知，官至一品，寿逾五十，薄有浮名，兼秉兵权，忝窃万分，夫复何憾！

我自从掌理军务以来，就怀着遇到危难牺牲性命的决心。咸丰七年、八年[1]在家养病，常常担心自己会死于乡里，违背了我开始的志向，失信于世人。再次受到任用出掌军务以后，意志更加坚定。这次如果遇到不测，丝毫没有牵挂留恋。我想自己出身贫寒，没什么大学问，而官做到一品大员，年纪过了五十整寿，小有名声，还手握兵权，实在是辱居其位、愧得其名，哪还有什么遗憾！

11. 吾教子弟不离八本、三致祥。八者曰：读古书以训诂为本，作诗文以声调为本，养亲以得欢心为本，养生以少恼怒为本，立身以不妄语为本，治家以不晏

---

1 咸丰七年（1857年）为丁巳年，八年为戊午年。

起为本，居官以不要钱为本，行军以不扰民为本。三者曰：孝致祥，勤致祥，恕致祥。

我教育子弟离不开八本、三致祥。八本是说：读古代的书以解释字句为根本，作诗作文章以声调和谐为根本，奉养父母以得父母欢心为根本，养生以少生气为根本，修身以不乱说话为根本，治理家庭以不睡懒觉为根本，做官以不收受贿赂为根本，行军以不打扰百姓为根本。三致祥是说：以孝悌带来吉祥，以勤劳带来吉祥，以宽恕带来吉祥。

12. 处兹乱世，银钱愈少，则愈可免祸；用度愈省，则愈可养福。尔兄弟奉母，除劳字、俭字之外，别无安身之法。吾当军事极危，辄将此二字叮嘱一遍，此外亦别无遗训之语，尔可禀告诸叔及尔母，无忘。

处在这样的乱世中，家里的银钱越少，越能够免于祸患；日常的开销越俭省，越能够滋养福泽。你们兄弟奉养母亲，除了劳和俭这两个字之外，再没有安身立命的方法。我在军情极端危急的时候，就将这两个字叮嘱你们一遍，除此之外也再没有其他遗训，你们可以将此禀告各位叔叔和你们母亲，不要忘记。

13. 居家之道，惟崇俭可以长久，处乱世尤以戒奢侈为要义，衣服不宜多制，尤不宜大镶大缘，过于绚烂。

在家生活的方法，只有崇尚节俭能够得以长久，处在乱世之中尤其应该以戒除奢侈的习气为首要的原则，衣服不要多裁，尤其不要做华丽的装饰，弄得过于绚烂。

14. 遭此乱世，虽大富大贵亦靠不住，惟勤俭二字可以持久。

遇到这样的乱世，即便是大富大贵的际遇也靠不住，只有勤劳和俭朴才可以长久。

15. 尔累月奔驰酬应，犹能不失常课，当可日进无已。人生惟有常是第一美德。余早年于作字一道，亦尝苦思力索，终无所成。近日朝朝摹写，久不间断，遂觉月异而岁不同。可见年无分老少，事无分难易，但行之有恒，自如种树畜养，日见其大而不觉耳。

你连月奔走应酬人情，还能够不缺漏日常的功课，应该可以每天进步而不停歇了。人生只有有恒心是第一的美德。我早年在写字这方面，也曾经苦心琢磨，用力探索，但最终没有成就。近来每天早上临摹写字，长期不间断，就觉得一个月和一个月不一样，一年和一年不一样。由此可见，年纪不论大小，事情不论难易，只要持之以恒地去做，就好像种树和喂养牲畜一样，它们每天都会长大一点，只是自己不觉得罢了。

16. 凡世家子弟，衣食起居无一不与寒士相同，庶可以成大器。若沾染富贵气习，则难望有成。吾忝为将相，而所有衣服不值三百金。愿尔等常守此俭朴之风，亦惜福之道也。

世家子弟，穿的吃的用的没有一样不与贫寒之士相同，差不多就可以成大器。如果沾染富贵子弟的不良习气，就难以期望有所成就了。我勉强作为将领和高官，所有的衣服加在一起不值三百金。希望你们长久地坚守这种俭朴的作风，这也是珍惜福泽的方法啊。

17. 今家中境地虽渐宽裕，侄与诸昆弟切不可忘却先世之艰难，有福不可享尽，有势不可使尽。勤字工夫，第一贵早起，第二贵有恒；俭字工夫，第一莫着华丽衣服，第二莫多用仆婢雇工。凡将相无种，圣贤豪杰亦无种，至要人肯立志，都可以做得到。侄等处最顺之境，当最富之年，明年又从最贤之师，但须立定志向，何事不可成？

如今家里的条件虽然日渐宽裕，侄儿和各位兄弟千万不能忘记先辈的艰难困苦，有福泽不要享受殆尽，有势力不要挥洒淋漓。勤这个字上的功夫，第一宝贵的是早起，第二宝贵的是有恒心；俭这个字上的功夫，第一是不要穿华丽的衣服，第二是不要用太多的仆人和雇工。将相不是天生的，圣贤和豪杰之士也不是天生的，最重要的是人肯立定志向，都可以成为圣贤和豪杰。侄儿们处在最顺利的境遇中，又在最鼎盛的年华里，明年又将要跟从最贤明的老师学习，只要立定志向，想做什么样的事会做不成？

18. 余与沅叔蒙恩晋封侯伯，门户太盛，深为祇惧。尔在省以谦敬二字为主，事事请问意臣、芝生两姻叔，断不可送条子，致腾物议。

我和你们沅叔[1]蒙受皇恩，晋封侯伯，这使我们家的门第过于鼎盛，应该深切地怀敬畏谨慎之心。你在省城处事要以谦虚恭敬为主，遇事向意臣、芝生两位姻叔求教，万不可送条子，招致众人的议论。

19. 吾于凡事皆守“尽其在我，听其在天”二语，即养生之道亦然。体强者，如富人因戒奢而益富；体弱者，如贫人因节啬而自全。节啬非独食色之性也，即读书用心，亦宜检约，不使太过。余八本篇中言养生以少恼怒为本，又尝教尔胸中不宜太苦，须活泼泼地，养成一段生机，亦去恼怒之道也。既戒恼怒，又知节啬，养生之道已尽其在我者矣。此外寿之长短，病之

---

1 曾国荃（1824—1890），字沅甫，号叔淳，又名子植。曾国藩九弟，在自家兄弟中排行第四，族行九。湘军主要将领之一，以军功封一品顶戴，谥忠襄。

有无，一概听其在天，不必多生妄想去计较他。

我对于任何事都遵守“尽我自己的努力，听凭天命的安排”这两句话，养生之道也是如此。身体强壮的人，好比富有的人因为戒除奢侈的作风而更加富有；身体羸弱的人，好比贫穷的人因为节约俭省而得以保全。节约俭省不特指食色方面的本能，读书这样耗费心神的事，也应该俭省一些，不要过分。我在八本篇中说过，养生以少生气为根本，而且曾经教导过你，胸中不应该太苦闷，要养成勃勃的生机，这也是少生气的办法。做到了不生气，又懂得节约俭省，我在养生方面能做的努力就已经尽了。除此之外，寿命的长短，疾病的有无，一概听天由命，不必产生许多不切实际的想法去计较。

20. 湘乡修县志，举尔纂修。尔学未成，就文甚迟钝，自不宜承认，然亦不可全辞。一则通县公事，吾家为物望所归，不得不竭力赞助；二则尔惮于作文，正可借此逼出几篇。天下事无所为而成者极少，有所贪、有所利而成者居其半，有所激、有所逼而成者居其半。尔篆韵钞毕，宜从古文上用功。余不能文，而微有文名，深以为耻，尔文更浅而亦获虚名，尤不可也。

湘乡准备编修县志，举荐你担任修纂之职。你学业还没有完成，写文章也不甚利落，自然不应该承揽这么大的责任，但是也不能彻底推辞掉。一来全县共同的事务，我们家是深乎众望，不能不竭尽全力去支持协助；二来你害怕写文章，正好可以借此机会逼迫着写出几篇。天下的事情不为了什么而能够办成的非常少，有所图谋、有利益可得而办成的占一半，有所激励、有所逼迫而办成的占一半。你抄完《篆韵》之后，应该在古文上下功夫。我文章写得不好，却小有名气，深感这是一大耻辱，你的文章功力更浅却也有些虚名，更不可以。

21. 吾家门第鼎盛，而居家规模礼节总未认真讲求。历观古来世家久长者，男子须讲求耕读二事，妇女须讲求纺绩酒食二事。《斯干》之诗，言帝王居室之事，而女子重在酒食是议。《家人》卦，以二爻为主，重在中馈。《内则》一篇，言酒食者居半。故吾屡教儿妇诸女亲主中馈，后辈视之若不要紧，此后还乡居家，妇女纵不能精于烹调，必须常至厨房，必须讲求作酒作醯醢小菜之类。尔等亦须留心于莳蔬养鱼。此一家兴旺气象，断不可忽。纺绩虽不能多，亦不可间断。大房唱之，四房皆和之，家风自厚矣。

我们家的门第现在非常繁荣鼎盛，而在家庭生活的排场和礼节上从来没有真正追求过什么。纵观古往今来能够长久繁盛的世家，男子一定要追求种田读书这两件事，女子一定要追求纺织烹饪这两件事。《斯干》[1]这首诗，说的是帝王宫室

1 《斯干》是《诗经·小雅·鸿雁之什》中的一篇，其中有“无非无仪，唯酒食是议，无父母诒罹”的句子。

中的事，提到女子应该以操持酒食之事为重。家人卦[1]以第二爻为主，重视中馈的作用。《内则》[2]这篇文章中，谈论酒食的占了一半。所以我多次教导儿媳和几个女儿要亲自操持家务，后辈觉得这事好像不重要，以后如果还归乡里生活，媳妇女儿纵使不能精擅烹调之道，也一定要经常到厨房去，掌握一些做酒醋肉酱和小菜的方法。你们也一定要留意种菜养鱼之事。这是一个家庭兴旺发达的气象，千万不能忽视。纺织即使不多，也不能中断。这些事情由大房倡导，四房都响应，家风自然会日益淳厚。

22. 淮勇不足恃，余亦久闻此言，然物论悠悠，何足深信。所贵好而知其恶，恶而知其美。

淮军不足以依靠，这话我也一直听说，然而众人的议论往往荒谬不经，怎可尽信？重要的是对喜欢的事物也应该知道它的不足，讨厌的事物也应该知道它的优长。

23. 家中兴衰，全系乎内政之整散。尔母率二妇诸女于酒食、纺绩二事断不可不常常勤习。目下官虽无恙，须时时作罢官衰替之想。

---

1 家人卦，《易经》64卦中的第37卦，象征家庭，特别注重女性在家庭中的作用，如果女性能够坚守正道，始终如一，将会非常有利。其第二爻爻辞为：无攸遂，在中馈，贞吉。中馈即妻室。

2 《内则》是《礼记》中的一篇，讲述家庭生活应遵守的伦理法则。

家族的兴旺和衰落，全在于内部事务是整顿还是散乱。你们母亲带领两位媳妇和几个女儿在酒食、纺织这两件事上，一定要常常勤于练习。眼下居官虽然没什么问题，也一定要经常想着罢官之后门第衰落的可能。

24. 李申夫之母尝有二语云："有钱有酒款远亲，火烧盗抢喊四邻"，戒富贵之家不可敬远亲而慢近邻也。我家初移富圫，不可轻慢近邻，酒饭宜松，礼貌宜恭……除不管闲事、不帮官司外，有可行方便处，亦无吝也。

李申夫[1]的母亲曾经说过两句话："有钱有酒用来款待离得远的亲戚，遭受火灾强盗的时候喊近处的四邻来救助。"这是告诫富贵人家不能只敬重远处的亲戚而怠慢了近处的邻里。我们家刚搬到富圫，不能轻慢周围的邻居，招待酒饭要丰盛一些，对人执礼要恭敬……除了不要管别人的闲事，不要帮着别人打官司之外，其他有能帮忙的地方，也不要吝啬。

25. 读书乃寒士本业，切不可有官家风味。吾于书箱及文房器具，但求寒士所能备者，不求珍异也。家中新居富圫，一切须存此意，莫作代代做官之想，须作代代做士民之想。

1　李榕（1818—1890年），原名甲先，字申夫，号六荣居士。四川剑州（今四川省广元市）人。咸丰二年（1852）中进士，官至湖南布政使。1859年在曾国藩保荐下参与办理湘军营务。

读书是贫寒之士的本业，千万不能沾惹官宦人家的风气。我在书箱和文房用具方面，只求贫寒之士能用的那些，不求珍贵奇异的。在富圫的新家，一切事物也都一定要保持这个原则，不要有世代都能做官这种想法，要做世代都做普通士子百姓的打算。

26. 自修之道，莫难于养心。心既知有善，知有恶，而不能实用其力，以为善去恶，则谓之自欺。

自我修养的方法，最难的莫过于修养内心。内心已经知道了有善、有恶，而不能付诸实际努力做善事，去恶事，就是自我欺骗了。

27. 至于尊官厚禄，高居人上，则有拯民溺、救民饥之责。读书学古，粗知大义，即有觉后知、觉后觉之责。若但知自了，而不知教养庶汇，是于天之所以厚我者辜负甚大矣。

至于尊崇的官位、丰厚的俸禄，位置高于普通人之上的人，就有拯救困境中的人民、救助受饥寒的人民的责任。读书学习古代圣贤，粗浅地明白了大义，就有启发不知道、不觉悟的人的责任。如果只求自己省事安逸，而不去教养民众，这就大大地辜负了上天对我的厚待了。

28. 凡人之情，莫不好逸而恶劳。无论贵贱、智愚、古来言凶德致败者约有二端：曰长傲，曰多言。丹朱之不肖，曰傲，曰嚣讼，即多言也。历观名公巨卿，多以此二端败家丧身。余生平颇病执拗，德之傲也；不甚多言，而笔下亦略近乎嚣讼。静中默省愆尤，我之处处获戾，其源不外此二者。

——曾国藩《咸丰八年三月初六日致沅甫九弟》

老少，皆贪于逸而惮于劳，古今之所同也。人一日所着之衣、所进之食，与一日所行之事、所用之力相称，则旁人韪之，鬼神许之，以为彼自食其力也。若农夫织妇，终岁勤动，以成数石之粟，数尺之布；而富贵之家，终岁逸乐，不营一业而食必珍馐，衣必锦绣，酣豢高眠，一呼百诺，此天下最不平之事，鬼神所不许也，其能久乎？

人之常情没有不喜好安逸而厌恶劳作的。不论身份高贵还是贫贱，天赋智慧还是愚笨，也无论年龄大小，都贪图安逸而畏惧劳苦，这种情况古往今来都是一样的。一个人一天所穿的衣服、所吃的食物，与他一天所做的事情、所花费的力气相当，那么别人就会认可他，鬼神也会认可他，认为他是一个自食其力的人。那些做农活的男子、从事纺织的女子，一年到头辛勤劳动，才能得到几石粟米、几尺布帛；而富贵之家的人，一年到头安逸享乐，不做什么事就能吃精致的饭菜、穿花哨的衣服，沉湎于安逸中高枕无忧，随便说句话就有许多人应和，这是天底下最不公平的事，鬼神也不允许这样的事发生，怎么能长久呢？

图书在版编目（CIP）数据

传世家训 / 田田，成蹊编译 .—北京：党建读物出版社，2016.12（2018.1 重印）

ISBN 978-7-5099-0813-6

Ⅰ.①传… Ⅱ.①田… Ⅲ.①家庭道德－中国－干部教育－学习参考资料 Ⅳ.①B823.1

中国版本图书馆 CIP 数据核字 (2016) 第 270874 号

传世家训

CHUANSHI JIAXUN

田田　成蹊　编译

责任编辑：何羽

责任校对：钱玲娣

装帧设计：艺达创展

出版发行：党建读物出版社

地　　址：北京市西城区西长安街 80 号南楼（邮编：100815）

网　　址：http://www.djcb71.com

电　　话：010-58587132/7166

经　　销：新华书店

印　　刷：北京盛通印刷股份有限公司

2016 年 12 月第 1 版　2018 年 1 月第 8 次印刷

710 毫米 × 1000 毫米　16 开本　15.25 印张　130 千字

ISBN 978-7-5099-0813-6　定价：40.00 元
